俊秀

青年书系

策划人 郝宁

亲密关系中的心理课

三步骤修复情感创伤

王继堃/著

上海教育出版社

SHANGHAI EDUCATIONAL
PUBLISHING HOUSE

前　言

在近二十年的时间里，我接触了很多在感情中深受伤害、手足无措的人，以及希望可以从创伤阴影中走出来、重新寻觅爱情的人。情感创伤，是我在日常工作中频繁遇到的议题。

只要是在爱中真诚付出过的人，都不会低估情感创伤带来的痛苦。没有人可以轻描淡写、轻而易举地将痛苦放下，更不可能自欺欺人地委曲求全。要敢于面对这种痛苦，接纳它，然后将其转化成一份生命的礼物，让自己变成更有力量的人。我们的人生是否快乐，归根究底源自我们的内心。

唯有心灵的成长能带给我们真正的释然和快乐，而感情危机往往是一个人心灵成长的重要契机。我们要如何将创伤变成契机，将痛苦变成资源呢？这本书将通过三个步骤帮助实现这个目标。

首先，要做一些现实层面的处理亲密关系和改变认知的工作，将伤害控制到最小；其次，要明确自己的选择，以及在作出选择后怎样最好地应对它带来的问题，更好地继续自己的生活；最后，要做一些深层次的自我探索，包括思考旧有的关系模式、家族关系模式、自己扮演的感情角色等，将个人故事升华，唤醒自身的成长。

在每一步里，我都会用我的专业知识以及对人性的理解，提供情绪支持、问题解决思路和自我提升的实用工具。同时会布置一些小作业，它能帮助我们思考自我和他人的关系，获得一些启发。

我希望用我的所学和临床经验，给遭遇感情创伤的人一些方向感、一些力量，重新去爱。

一段亲密关系可能走向终结，但它绝不是我们的快乐和力量的终结。愿大家都可以再次认识爱，再次拥抱生活。

目 录

1

第一步

情绪急救与改变认知

情绪急救：我该如何面对？

当激烈情绪涌来时

遭遇情感创伤后，很多人会感到非常受伤、委屈、痛苦和愤怒；觉得人生一片黑暗，心里像塞了一团乱麻，不知道该做什么，也不知道该怎么处理。这个时候，我们需要知道，自己正处于创伤后的应激状态。在这个阶段，会经历人生低谷，充满困惑，会频繁地想，为什么这一切会发生？什么时候发生的？通常在这个时候，也会体验到生活的混乱，正常起床、上班有时都变成一件困难的事。

情感创伤对人的伤害不亚于其他类型的创伤，但它更容易被忽视。自然灾害发生后，会对受灾群众做大范围的心理急救，可是遭遇情感创伤的人，往往只能独自消化，含着眼泪独自面对。

应对情感创伤的第一步，就是要做心理和现实层面的急救，尽快让生活回到正轨。这种急救包括对受伤、委屈、愤怒等情绪的处理，认知层面的梳理和行动上的应对这三个方面。

人在遭遇情感创伤后，它带来的激烈情绪往往是最难解决的。

这不是因为大哭一场、对着伴侣发泄、找人倾诉很困难，而是因为受伤和委屈的情绪会久久缠绕着当事人，在这种情绪的控制下，当事人无法正常工作、好好吃饭，无法维护其他重要的人际关系。甚至会在情绪的驱动下作出冲动行为。

为了尽快让生活回到正轨，避免过激行为，第一步就是要知晓怎么和创伤情景下的自己相处，怎么处理应激状态下的情绪起伏。

遭遇情感创伤后，当然会经历身体和心理的双重打击，会感觉失去对身体和情绪的控制，有深刻而强烈的失落感、极强的受伤和委屈感，这些都是正常反应。当事人现在想做的事也许都很疯狂，但不论有多愤怒，都请稍等。因为当创伤事件突然发生，人根本没办法立刻自己消化。当事人或许很想做点什么，好让自己的感受好一些，但强烈情绪下的举动可能是不理智的，也会伤害自己。

婚姻心理学的研究发现，遭遇情感创伤后，心理修复历经四个阶段：退行期、接受期、反思期和修复期。退行期是遭受打击后的第一个阶段，整个人会出现退行现象，也就是从成年人的状态退回到好像儿童的状态。在感情层面，会处于比较原始的、激烈的情绪中，情绪强烈到可能使人吃不下、睡不着，甚至丧失工作能力。在退行期，人是无法照顾好自己的，会像孩子一样需要爱，很脆弱，需要被照顾，会经常感到自己浸泡在受伤和委屈中，无法自拔。

这一阶段还会有深深的无力和怨恨感。当事人常感觉自己做不了什么，觉得失控、被抛弃、无助和绝望，也没有办法很好地接受事实，总是问自己："为什么会这样？"

只有采用一些方法，让受伤和委屈等情绪被看到、被觉察从而平复，才可能逐渐接受事实，以及接受它带来的巨大创伤。此后再花费时间和精力去处理这些创伤，慢慢走向反思期和修复期。

很多关系不能修复，是因为这四个阶段中的每一个都展开得不充分，每个阶段的核心问题都没有解决。不能着急，要循序渐进。

当受伤、委屈的情绪袭来时，我们应该怎么办？

首先，需要看到和觉察心中的受伤和委屈。有一部电影叫《头脑特工队》，讲人类有五种基本情绪——快乐、悲伤、愤怒、害怕和厌恶。影片一开始，乐乐，也就是快乐的情绪精灵，想要赶走忧忧，也就是悲伤的情绪精灵。快乐想让悲伤下岗，认为悲伤的情绪是不好的。但后来快乐发现，悲伤和快乐息息相关。如果没有悲伤，就不会有快乐。没有悲伤，一个人就失去了哀悼的能力，不能让其他人感受到自己的难过，也就没有后来别人关心自己的快乐。另外，愤怒不全是坏的、有害的，它可以在适当的时候转化成合理的攻击，我们可以用恰当的方式表达愤怒。

在电影中，情绪精灵是不能辞职的。也就是说，我们不能压抑各种情绪。它们就在心中某个地方，不管我们怎么想。就算把它们暂时压下去，总有一天会再度爆发，或者转变成身体的病症，让我们感觉浑身不舒服。

我们的各种情绪是我们最亲密的朋友，却最容易被忽视。当它们能够被看到，被觉察，被关爱，它们就安静了，委屈变得不那么委屈，悲伤也变得不那么悲伤。当然，情感创伤带来的痛苦可能会陪伴我们很长时间，但只要我们每看到一次，就觉察和关爱它们一次，它们就会慢慢安静下来。我们需要学习与情绪对话，安抚自己的情绪。

什么是与情绪对话？可以说，是通过一些心理学技术抒发情绪，和自己的情绪待在一起。例如，可以采用自由书写的方法。找一个笔记本，当受伤和委屈出现的时候，用笔在本子上写下来。不用考虑措辞，想到什么就写什么，也可以随意涂鸦。请一定要用手写，而不是用电脑打字。用手写，动用的是我们的情绪脑——右脑。也可以在一个安全的环境中，写完后大声读出所写的内容，甚至大叫、大吼。把本子随身带着，有任何情绪和想法出现，都把它们写下来。多次练习后，我们会发现，激烈的情绪变温和了。

其次，学习一些控制情绪的技巧。只要我们愿意，肯定可以控制和缓解自己的情绪。其中一个方法叫作建立脑中的安全地带，即主动调动记忆中美好的感受，在受伤的感觉汹涌袭来时，用这种方法转移注意力。这需要先在平静的时候，在脑海中搜寻一个美好的回忆，也许是在森林中散步，也许是在某个地方游玩，这些回忆给我们带来快乐的感觉。回忆必须是全然美好的，不掺杂负面情绪。尽量把当时的场景和画面回忆得具体、形象，然后将这样一段记忆储存起来。

如果找到了一段美好的回忆，可以试着闭上眼睛去想象，让自己进入平静的状态。之后，手臂交叉，右手放在左肩上，左手放在右肩上。双手交替在两个肩膀轻轻拍打，慢慢拍打 4—6 次。试着做一次，然后睁开眼睛。

如果你是在情绪比较激烈的情况下做这个练习，发现自己很慌乱、迷失、绝望，根本无法找到美好的回忆，就赶紧停止，脱离独处状态，和会支持你的朋友或者亲人聊聊天，或者打个电话。如果消极的感受迟迟没有散去，建议你寻求专业的心理医生或者资历较深的心理咨询师的帮助。

正视自己的愤怒

对一段关系来说，最大的坎坷也许是遭遇背叛，关系濒临破裂。此时，我们就像一只刚刚被捕兽器夹伤，侥幸逃走的野兽。除了受伤、委屈等感受，愤怒也会占据我们的心灵。

受伤、委屈的情绪会让人独自默默承受，愤怒则会指向其他人。很多人会感到自尊受到巨大的打击，恨不能大吵大闹，歇斯底里地发泄；或者反复追问细节，真的知道后又深感痛苦；会有报复心理甚至报复行为。如果家里有孩子，孩子可能会因父母的愤怒而感到无所适从和害怕。

被愤怒绑架的人，在冲突之下所做的一切会给关系、自己和孩子带来更大的伤害，甚至酿成无法挽回的悲剧。

从关系层面看，大吼大叫会让人失去关系中的主动权，让两个人的未来变得更加不可测和不可控。从自己的角度看，无法与愤怒好好相处，可能伤害自己的身体。不断累积的愤怒情绪会严重影响身体健康和心理健康，有的人会快速消瘦，全身长满皮疹；有的人患了抑郁症，甚至采取自残或自杀的方式来应对痛苦。

在沉默或爆发之外，还可以有怎样的应对模式与沟通方式呢？怎样正视愤怒，以及有边界、有尊严地表达愤怒呢？

我们先对愤怒多一些了解。作为人类基本的情绪，愤怒的出现是有意义的。愤怒首先是一种自然的反应，无须为此感到自责和内疚，但我们需要为自己的行为负责。愤怒还是一种提醒，提醒我们看到内心的一些需求。按照心理学的"冰山理论"，情绪的深处潜藏着没有得到满足的期待和愿望。愤怒也在告诉我们，需要做点什么，向伴侣表达自己的需求与底线。如果一味地隐忍和沉默，对方可能会认为这是一种默许。我们可以接受愤怒的存在，适度地表达愤怒，没有人可以要求一个人在这个时候还要强颜欢笑。

然后，我们可以评估一下自己现在所处的阶段和状态。如果发现自己只要一想到这件事或这个人就怒气冲天，脑子里全是对对方的恨，那就是愤怒还没有被看到，自己还被愤怒绑架着。此时，可以按照上一节中安抚情绪的小方法，先好好看到自己的愤怒，去觉察和了解背后的需求。

你也可以安静地与愤怒独处一会儿。把愤怒当作一个会说话的对象，当作电影《头脑特工队》里的怒怒（愤怒精灵），问问自己，如果你的愤怒会说话，它会说些什么？它有什么样的渴望和期待？怎样对它，它才不那么愤怒？也许愤怒会说，它渴望另一半的爱，渴望另一半的尊重；也许它很希望被主人，也就是你，真切地看到。

如果是前者，可以重新审视自己与伴侣的关系，提高自己处理亲密关系的能力。在遭遇情感创伤后，比离婚或挽回更重要的事是，审视自己在亲密关系中的模式，观察自己经营亲密关系时的眼泪与欢笑、失败与甜蜜。要不然，换了一个人，匆忙走入一段新的关系，还是会重复同样的模式，这在心理学中被称为"强迫性重复"。它是指，我们的潜意识会让我们不断地重复让自己感到痛苦，但同时也是我们最熟悉的模式。

如果是后者，可以重新审视自己。我们会在这个时候意识到，除了把时间、精力和青春全都投入亲密关系中，还可以有别的选择，还有亲密关系之外的更多可能性。而人在被愤怒绑架的当下，是最有动力和勇气抛弃旧有的生活模式，去做一些转变和探索的，这是开启新生活的时机。你会发现，自己终于有勇气去尝试一些一直想做却始终没有做的事情，比如学画画、弹钢琴、去旅行。因为这件事，你好像更全面地理解了自己曾经的生活，现在是思考你真正想要什么的好时机。

只有愤怒变得安静时，才能慢慢试着沟通。

一位资深心理咨询师曾说：只有当你一个人时能过得很开心，才能顺利走入婚姻；只有当你能够承担婚姻中的背叛，才算真正懂得婚姻。前半句告诉我们，我们能做好独立的人，才能在情感出现波折、出现危机时保持自我；情感创伤，或者亲密关系的终结，并不意味着我们的生活终结了，因为我们永远是独立的人，人生是我们自己的，活法也是我们可以选择的。后半句乍一看好像是关于婚姻的非常悲观的解读，认为背叛会一直存在，但人性是很复杂的，这涉及人应该怎样看待婚姻，下文还会提及。

无人诉说：煎熬又痛苦

当你感到煎熬又痛苦时，寻求帮助是很重要的。

你可能觉得，向外界求助说起来很容易，做起来很难，该找谁说呢？所谓"家丑不可外扬"，如果是一件让人感到羞耻的事情，怎么和其他人分享？告诉家人，他们可能很愤怒，一气之下把情况弄得更糟；就算找到人倾诉，他们没有经历过这件事，真的能理解吗？真的不会作出评判，认为倾诉者是亲密关系中的失败者吗？

正如俗话说的：世界上最孤独的事情，就是你在我身边，我却不知道怎么告诉你我的痛苦，或者我告诉你了，你却无法感同身受，这使我更痛苦。

心理学研究发现，遭遇情感创伤后，人们的社交圈会发生变化，我们会和一些人更亲近，和另一些人疏远，甚至可能出于保护自己的目的，把朋友拒之门外。

与朋友疏远有以下三种原因。其一，朋友会选择支持某一方。亲密关系中两人的共同朋友很难平等地与双方都维持同样的关系，时间一久，更是很难不选边站。一般来说，同情女方的朋友会支持她，渐渐与男方疏远；而男方的朋友可能支持男方，与女方疏远。双方都会失去一些老朋友。

其二，朋友如果也面临同类问题，听到这种消息时，会用自己的婚恋观参与讨论和分析，而他们的建议不一定适用，会因为无法互相理解而疏远。

其三，难受与委屈等强烈的负面情绪会让一些人格不成熟的朋友选择逃离，他们只能同欢乐，不能共患难。不过，并非所有朋友都如此，仍会有人愿意在自己的朋友痛苦、孤独的时候给予陪伴。

有时，朋友可能不知道该说什么、怎样说，也怕说错话惹朋友伤心，会选择说些无关痛痒的话，使气氛很尴尬。在这种情况下，双方最好能打开天窗说亮话。是真正的朋友，便不会顾忌很多。心存善意但稍微言语不当，都能互相谅解。我们可以向关心自己、有交情的朋友和亲人直接说出需要。比如："我现在只需要你安静地陪着我，请暂时不要劝我或者开导我。""你做你爱做的事，我做我的事。你的陪伴和倾听就是我最大的安慰。"也可以告诉朋友或亲人，不用担心他们的言辞或举动会触犯自己："如果你真的让我难过，如果我不希望你做什么或者说什么，我会坦白地告诉你。"

遭遇情感创伤时，初期我们可能依靠自己努力消化、调整，这样已经做得很好。但这个时候寻求他人的支持也是非常重要的。一直把事情憋在心里，会陷入一种孤独的状态，这种状态对身心健康有害，有时甚至是致命的。

人们此时常常会体验到深深的孤独感，觉得没有人能体会自己的处境，没有人能和自己分担。我的一位遭遇丈夫背叛的女性来访者，生动地描述了这种痛苦。她说，她在感受到很强烈的情绪冲击的同时，也从心底涌出一种深刻的孤独。这种孤独既源自一直依赖和信任的人的背叛，也源自他人的评判和目光。因为痛苦之深，她无法向他人诉说，甚至不相信有人可以感同身受。

然而，孤独感可能成为一种动力，促进改变的发生。常用的方法是，与他人分享自己的遭遇，得到他人的理解。也可以帮助他人，如果感觉自己在为他人作贡献，就会好受一点，体会到自己的价值，从而提高自尊心与自信心。

我曾有一位女性来访者，她婚后就做了家庭主妇，30多岁时婚姻失败。后来她到当地的一所学校学习文秘技能并从事相关职业，渐渐地，她对自己所处的职业圈子有了归属感。当一个人身处团队中，这种归属感就可以治疗孤独，建立对自己的信心。当在某些事情上证明自己是成功的，就会对自己有更好的感觉，也能扩展视野，更清楚地看到自己的未来。

这种职业和个人的发展可能成为修复亲密关系的基础。对方看见另一半没有沉溺于痛苦，而是抓住机会努力成长，会对亲密关系能否改善有不同的看法。这种建设性改变会为双方带来希望。

走出孤独是非常不容易的一件事情，但它不是天方夜谭。你可能感到孑然一身，仿佛看不到希望。但正如危机是暂时的，孤独也是暂时的。危机就像房间的过道或门厅，虽然在此处会停滞，体会痛苦和黑暗，但走进房间就会收获新生和爱。

也许你想寻求帮助，但不知道该到哪里，以及怎样寻求帮助。心理学研究发现，参加社交与团体活动的人感受到的痛苦，明显比不参加的人低。人在最初遭遇情感创伤时，一般大约半年很少参加社交活动。这可能是因为在感情危机的剧痛期，需要先给自己疗伤的时间。当情绪渐渐恢复平衡，才有精力投入社交活动。所以，我们觉得准备好了，就可以适当参与社交活动。

除了与家人、朋友保持交往之外，还需要有独处的时间，训练与自己和平相处。如果无法与自己和平相处，就无法真正享受与人交往的快乐。

在生活中，可以参加的活动有许多。可以按照自己的兴趣，参加登山、跳舞、摄影、合唱等活动；可以发展新技能，如去学习厨艺、插花等课程；可以去运动和健身，如练习瑜伽、太极拳等；还可以借此机会认识兴趣相投的朋友。

我也推荐以心理成长为主题的活动，如在专业人员的带领下参加团体心理治疗或讲座，或者阅读一些心理学书籍和他人的故事，看看其他人是怎么走过来的，从中找到自己前进的力量和方向。

慢慢消化和处理自己的情绪后，我们需要做一些认知层面的思考，在自责和责怪对方之间找到一个平衡点，全面地看待自己和对方在亲密关系中的责任，加快疗伤进程。

改变认知

归因：谁的错？

从复杂的情绪反应中走出来后，我们也许会有很多混乱的想法，比如，到底发生了什么？为什么这一切会发生在自己身上？自己做错了什么？亲密关系已经名存实亡了吗？我们需要从关系层面和个人层面分析原因。

为什么我们要从关系的层面谈这个问题呢？因为一旦产生问题，人们就会想，要么是对方的问题，要么是自己的问题。但这种非黑即白的对立的思考视角，会阻碍人们更全面地认识问题的本质，那种"要么我认错，要么你认错"的冲突和对抗，也会使人们无法很好地解决关系的问题。在亲密关系中，如果一味埋怨和指责对方，只会陷入仇恨；而一味地自怨自艾，也会阻碍自己对事件的接受与处理、对关系的理解和从创伤中愈合。

亲密关系中的问题常常是社会、家庭、人性等因素综合起作用的结果。如果明白了这些因素的存在，我们就不会因为怀疑自己的魅力而妄自菲薄，也不会将伴侣想象得一无是处。多视角解读可以防止受伤害的一方建立消极的自我，自暴自弃，也能使其减少恐惧和愤怒，更快地回到稳定的状态。

出现情感危机的原因有很多，大致可以分为几大类：社会文化环境的影响；双方原生家庭的影响；双方个人因素的影响，包括性格、应对方式以及在亲密关系中的需求得不到满足；等等。

从社会文化环境来看，流行的社会文化会影响和冲击亲密关系。例如，近年的社会研究发现，34％的已婚男士和16％的已婚女士曾经对另一半不忠。背叛现象的发生与社会对婚姻的看法发生变化相关，人们对婚姻有高要求与高期待，即很多方面的标准都提高了，包括感情状态、经济水平、性生活等。在互联网时代，背叛变得更容易。此外，人们会美化爱情和婚姻，过去人们需要在亲密关系中付出尊重和责任，现在人们希望得到支持、照顾、情感上的满足，甚至还有自我的实现。个人意识变得强烈，人们希望在亲密关系里获得更多的满足，所以很容易感到不满。

从关系层面来看，有些夫妻或情侣表面上相安无事，实际上却缺乏良好的交流，产生问题也不及时解决，在心灵上越来越有疏远感。此外，双方都容易认为自己付出太多，牺牲太大，没有得到应有的回报；觉得自己的真正诉求不断被对方忽视，有怨恨和不满的情绪。

在家庭治疗理论中，有一个概念是"三角化"。也就是说，当两个人之间出现冲突和矛盾，没有办法直接面对和处理的时候，其中的一方或者双方会分别向另一个人寻求支持，或者形成亲密关系，从而降低两人之间的冲突。背叛的关系有时候是一种三角关系。表面上看，好像是背叛方放弃了原有的美满感情，选择了另一个陌生人。但换个视角，第三个人往往是出于背叛方的某种需要而进入关系。受到传统观念的影响，社会上存在这样一种看法：女性在婚姻中遇到难以解决的冲突，可以向闺蜜倾诉，但男性如果纠结于婚姻问题，会被视为软弱无能，他的男性朋友也无法理解他。有的丈夫背叛妻子，在某种意义上是在寻找对自己的支持和理解，虽然它是以一种匪夷所思、不健康的方式达成的。

有的夫妻在一起生活时间长了，会对对方的优点视若无睹，产生审美疲劳，说起对方的缺点却滔滔不绝。其实每个人都在不断变化，如果不能用新鲜的视角去欣赏和肯定对方，必然对亲密关系有不利的影响。

也有一些夫妻的互动模式明显存在问题，如出现家庭冷暴力。也就是，在产生矛盾时，虽然没有发生肢体暴力，但会冷落、轻视、放任或疏远另一方，这是一种精神暴力。冷暴力既不见血也不见伤，是典型的隐性暴力，很容易被当事人用"我们在闹别扭"一语带过，而忽视它对身心造成的巨大伤害。事实上，美国婚姻家庭治疗专家约翰·高特曼（John Gottman）的研究显示，在出问题的婚姻中，冷漠不语比大吵大闹对婚姻的伤害更大。

即使是美满的亲密关系，也会有未满足的部分。幸福的夫妻会感到最重要的需求可以在婚姻中得到满足，而没有得到的部分变成个人的憧憬。比如，当丈夫觉得妻子才华横溢但不够温柔，他可能会幻想拥有一个温柔的女性来关爱、照料自己。就像张爱玲的小说《红玫瑰与白玫瑰》中所写的，娶了白玫瑰，久而久之，白的成了衣服上的白米粒，而红的成了心头的朱砂痣；娶了红玫瑰，久而久之，红的成了墙上的蚊子血，而白的成了窗前的明月光。所谓"得不到的永远是最好的"，处于亲密关系中的人要了解，他们不能拥有一切，有些愿望永远无法实现，也不可能在一个人身上满足自己所有的需求。

美国心理学家罗伯特·斯腾伯格（Robert J. Sternberg）提出爱情三角理论，他认为爱情主要包含三种成分——激情、亲密和承诺，这三种成分的强弱程度不同，使得爱情的形态各异。当一段感情只有激情，缺少足够的亲密和相互的心理承诺时，更多的是一种欲望的满足。当一段感情只有亲密，缺少激情和承诺时，更像一种好感，就像青梅竹马一起长大的玩伴，外人看来门当户对，可当事人心知肚明，这辈子只能做朋友。如果一段感情只有承诺，没有激情和亲密，就是一种空洞的爱。看似履行责任，实际上是最不负责任的行为。承诺不是基于情感，而只因为一纸婚书或者强大的外力时，所拥有的只有空爱。

亲密关系建立后，激情在逐步减少，但亲密和承诺在增强，两个人感情的牢固往往源于后两者的慢慢渗透。孩子出生后，夫妻感情进入一个新的层面。如果女性被局限于妈妈的角色，忽视作为妻子的角色，就可能以一种自觉或不自觉的心态牺牲自己。相互陪伴和沟通的时间减少，使两人之间的亲密和激情都开始减少。当激情、亲密、承诺三要素都不存在时，关系也就走到了消散的边缘。

婚姻不再是两个人的事情，而是方方面面的磨合。但无论婚姻有多复杂，爱情内核的存在始终有决定性影响。有时候，人们会渴望和自己的伴侣完全融合，渴望对方无条件的包容和爱护，渴望对方成为自己的内在父母，把自己捧在手心里。可事实上，在亲密关系里，两个人依旧是独立的个体，需要共同经营关系。

背叛是一种复杂的社会现象，婚姻是一种社会结构，现代社会的一夫一妻的婚姻结构其实才建立不过百年，人们还在适应这种结构。人们希望自己能够忠于婚姻，能够只爱一个人，但人是流动的，人性是会趋利避害的。

当一段关系让人过于窒息，人们就会想办法自救。社会学家李银河曾经说过，如果婚姻本身成了一个牢笼，背叛就是人们越狱的渴望。

我们遭遇了这样的事情，当然要谴责那个破坏了约定的人，但同时，我们也可以回头审视一下，这段婚姻是不是无形中成了自己和对方的囚笼。

最后给大家布置一个需要思考的小作业：

当你审视自己的亲密关系，你觉得最快乐和最痛苦的分别是哪两个具体的场景？

在快乐的场景中，隐藏着你对亲密关系的哪些重要的期待？

为什么会破坏一段关系？

在亲密关系层面有所反思后，也许还是会有人心存怨恨，认为无论亲密关系有什么问题，某一方还是背弃了誓言。例如，亲密关系中出现了背叛者，一方会很想知道，对方到底是个什么样的人？为什么要这么做？为什么要伤害自己？

我们从心理学视角出发，谈谈其中的个人因素。

其一，从性格和人格的角度，背叛者可能具有自尊感弱和自恋的特点。

心理学研究发现，有的人背叛是因为觉得自己毫无价值，自尊心很低，认为世界上没有人会真心爱他们。低自尊的人总是缺乏安全感，要通过背叛、拥有关系外伴侣的形式来证明自己是有吸引力的，他们需要持续不断地去确认这点，因此可能拥有源源不断的恋情，持续处于背叛的状态中。

也有一种具有自恋特点的人，会夸大自我的重要性，不现实地渴望得到特殊的优待。他们需要持续获得极高的关注，可能会将自己打扮得光彩照人、魅力非凡。有些时候，他们需要通过吸引他人的程度、性伴侣的数量、背叛对象的外表和地位，来证明自己的重要性。

其二，从原生家庭的角度，要关注彼此依恋模式的影响。婚姻和亲密关系都是自己选择的，即使对方有一些人格上的问题，但既然选择了对方，在依恋模式上双方常常还是匹配的，比如照顾者与被照顾者、受害者与拯救者、施虐者与受虐者，等等。双方需要从感情危机中觉察自己的亲密关系模式，不然就算走入下一段关系，也会重现以往关系的模样。

我们选择伴侣时，既有意识层面的匹配，也有潜意识层面的匹配。意识层面的匹配指我们找伴侣时想找意识中渴望遇到的人，潜意识层面匹配的却是某种依恋模式，两者未必一致。精神分析中所讲的"强迫性重复"就是指一个人会不断重复既往关系模式中的痛苦。亲密关系中的两个人都会受到原生家庭的影响。比如，一位男性来访者曾目睹父亲背叛母亲，他一直把这个秘密放在心底。他对父亲的行为有极大的愤怒，婚后自己却一次次背叛妻子，用年轻女性对自己的崇拜去满足内心的空虚感和价值感。其妻子也在无意识地寻找一个不够爱自己、对家庭没有归属感的伴侣，试图改变小时候无法得到父亲足够关注的局面。

其三，从满足需要的视角，背叛可能是因为人们对现实婚姻不满而产生一种渴望和向往。一段关系要维系下去，其中必须有相互需要的满足。维系婚姻的爱情是从差异、独立、活力中产生的。如果一方的心灵匮乏，另一方得不到滋养，这样的关系就会失衡。有时候，背叛其实是为了解决背叛以外的问题。可能是因为背叛者对生活现状不满，但关系模式固定下来之后，两个人的日常很难有实质转变，只能以背叛的方式给生活带来一些改变。

其实，令人吃惊的是，很多背叛的人是赞成一夫一妻制的，也希望伴侣和自己彼此忠诚。但他们往往处于一种矛盾中，所持观念和做法不一样。他们认为人应该在婚姻中保持忠诚，但突然有一天自己却越过红线，冒着失去一切的风险。为什么会这样呢？其背后可能藏着对现实的失望和对更好的自己的渴望。

心理学家罗伯特·维斯（Robert Weiss）发现，如果一个人长时间处于无聊、疲倦、过度工作、受人利用和操纵，以及觉得自己没有获得应得的东西的状态中，他就会寻找一些特别的刺激事件来感知生活的意义。这也是为什么很多人说，背叛的时候，他们感觉自己好像前所未有地"活着"。这证明，他之前的生活处于脱节的状态。当一个人对现有的亲密关系不满意和感到厌恶，又无力解决亲密关系本身存在的问题时，他也可能将背叛作为一种解决手段。这听起来匪夷所思，因为如果因感情破裂而分手，会比背叛更彻底地伤害两个人的感情。可感情是复杂的，就像在长久的拉锯战中，垂死的犯人看着头上的铡刀迟迟不落下来，他就可能采用这样一种方式来表达："我受够了现在这种生活，我想要离开。"背叛可能是人们在曲折地解决问题，想逃离旧生活。与其说他爱上了一个新的人，不如说他在厌烦、逃离、摧毁旧有的生活状态和模式，以表达对当下状态的不满。

在很多婚姻治疗的过程中，妻子会抱怨丈夫："我从来不知道你心里有这么多不满，你为什么不说出来？"可能恰恰是因为丈夫是一个表达能力和改善关系的能力都比较差的人，才会选择背叛这种伤害他人且自毁的方式，给要窒息的自己一些新鲜的空气。

背叛这种破坏性行为，一方面代表内心对现状的不满，另一方面则代表一种向往和渴望的能量。逃离当下生活的另一面是对未知的、自己真正渴望的生活的热情和向往。家庭婚姻治疗师艾瑟·帕瑞尔（Esther Perel）认为，背叛与对性的渴望的关联较小，与心理渴望的关联更大。与其说背叛方爱上了其他人，不如说他们是在追逐一种新生活的可能性。在这种尝试中，他们想要靠自己的努力得到关注，重拾信心，被人需要，去感受一个更好的自己。也就是说，人们之所以寻找另一双含情脉脉的眼睛，并不是出于对自己伴侣的厌恶，而是出于对自身现状的厌恶。人们也并不是在寻找另一个人，而是在寻找更好的自己。

这也能够解释，为什么人们在生活中出现丧失，如父母或其他至亲去世或患绝症，朋友出了意外，即情感生活更动荡时，容易出现背叛行为。这种时候，生活与死亡、人生苦短联系在一起，人们会开始思考人生的意义。"难道自己还要像现在这样，一直生活几十年吗？"在现实和心理的双重因素影响下，很多人都过着附庸他人、自我妥协的生活，而当他们感觉死亡和丧失原来如此贴近自己之时，他们会想要做一些不一样的尝试，想要成为不一样的自己。换工作、突然换生活习惯都是这类尝试，背叛行为也是尝试之一，虽然这种行为比较极端。

背叛行为通常是错误的，它不仅让背叛者产生认知和人际层面的混乱和压力，而且破坏了两个人对关系的期待和信念，还会深深伤害另一个人。但当我们看到这种行为的本质的时候，要知道它其实来自一个对生活非常绝望却无计可施的可悲的人，他在试图寻找真正的自己，却在寻找的路上迷失了；他也背叛了生活中最重要的同行的伙伴。

帕瑞尔在一次演讲中传递了一个关于背叛的很积极的信息，

那就是这种对"更好的生活""真实的自己"的渴望不一定是坏的，这证明背叛者终于摆脱了一种表象上的和平、安好，开始充满生命力。生命力是更好、更高质量的爱的基础。婚姻治疗师常说的一句话是，一个从来不惹麻烦，事事点头称是，在情绪上仿佛冰块的伴侣，和一个会惹麻烦，会做错事的伴侣相比，后者是更好做工作的。因为只要稍加引导，他们就会将改变自己的热情放在现在的亲密关系中，两个人可以同步做一些改变，这是一个非常好的让亲密关系焕发新生的机会。

当然，也不排除双方经过思考，已经不愿意一同生活，即使如此，这样的危机同样是有意义的。它让我们更洞悉人性，也更了解自己需要一个什么样的伴侣和一份怎样的感情。

行动止损

沟通的心理准备和方式

当我们复杂的情绪缓和了一些，从关系和个人层面对情感创伤的原因有了一些了解后，也许会想要在现实生活中建立沟通，以及考虑下一步如何应对。要在现实层面有所改变，就必须先掌握信息，和对方有接触和交流，因为关系毕竟建立在两个人的态度、想法和目前的状况之上。但与对方的接触可能是高压的、令人崩溃的，以及可能再度受伤害的，所以我们需要知道如何接触对方，如何了解对方的态度、想法和目前的状况，以及如何控制局面。在遭遇背叛事件后，向对方表达自己现在的感受也很重要，因为这在向对方表明自己的底线，让另一半清楚地知道你对背叛的态度和容忍的极限。

首先，我们来看看与对方沟通前在心理和态度上要做何准备。例如，我们需要对背叛这件事多一些认识和了解，才能够稍稍平和地去与对方沟通。一夫一妻制的婚姻制度是社会的主流，但是从需求来说，也许没有一个人可以满足另一个人的全部需要。也许亲密关系不再美好，但我们依然要面对，而面对的前提就是，需要接受对方已经背叛这个事实。只有接受了它的发生，才可能有勇气、有心力处理它，甚至战胜它。

在沟通之前，还要梳理一下心情。不要被情绪牵着走，情绪会蒙蔽我们的大脑。如果情绪崩溃，大吵大闹，既会失去主动权和掌控权，也会造成误会。"我再也不要见到你了"，这只是一句气话，在伴侣听来却是在说，"我对这段关系已经不抱希望了"。无论是从自身还是从亲密关系的角度，即使非常生气，也最好保持中立、比较稳定的状态。

我们需要的并不是在对方面前大哭，得到安慰，在身处安全地带时才能如此处理情绪。但这并不是说，不要表露情绪。虽然我们最好不要表露太多的情绪，包括伤心、愤怒、崩溃大哭等，但我们需要让对方清晰地知道，我们也是活生生的人，会因此受伤。可以直接告诉对方："你这样做让我感觉非常受伤，我的生活都乱套了。"这样才能让对方感到，他需要担负一定责任。

在心理准备之外，我们需要拿出的态度是，我们的沟通不是为了"以牙还牙"，或者"让你知道我也不是好惹的"，更不是"你看看你造成的后果，现在你要收拾局面"。第一种报复心态容易让我们陷入更消耗心力的斗争中，第二种受害者心态则把主动权又交给对方。应该有的态度是不卑不亢，可以接受当下的局面，但也有权利让对方知道自己受了怎样的伤害。

有一个很好的准备方法是，在和对方沟通之前，对着录音机把所有要说的话说个痛快，然后听一下录音，把这些话梳理清楚。

其次，在谈话时，如果情绪崩溃了，可以怎么办？在沟通的过程中，要不断提醒自己，先冷静下来。关系中的谈判往往会有两败俱伤的权力斗争，整个谈判过程一定困难重重，会出现不可预期的阻碍。此时双方的心理十分脆弱，会彼此对峙，想保持交谈很难。要不卑不亢，不卷入更激烈的情绪，也尽量保持坦诚，状态稳定。

如果真的无法控制情绪，可以设定一个明确的停止信号。在沟通前就可以告诉对方，当自己发出明确的停止信号，比如用手比"停"，希望对方能配合自己，不再讨论，让自己一个人待在相对安全的环境中，平复一下心情。如果要面对一个不太配合、态度恶劣的伴侣，最好邀请一位支持自己的朋友一同去谈话。朋友可以在不远处观察，发现状况不佳，就主动陪我们离开，在准备好的时候再开启谈话。

请不要着急，比起现实世界中的处理，我们自身的状态更重要。

再次，在沟通的内容上，可以遵循几个步骤。第一步，告诉对方，坦诚是沟通的基本原则，双方都需要遵守这个原则。无论关系怎样发展，都需要作出坦诚的承诺。第二步，收集信息，很多信息决定之后关系的方向。但不要深究细节，让对方反复解释，同时要清晰表达自身的状况。

最后，有几点沟通的原则。其一，尽量不要羞辱对方，可以清楚地告诉对方自己的感受，这种叙述更有分量；其二，记得要向对方提出具体要求，及时止损；其三，态度要坚定，也要冷静，要把控关系，而不是让关系控制自己。

总之，愈合伤口一定是和现实的回归同步进行的。即使很痛，我们也不能逃避现实。接受是治愈的第一步，也是变坚强的表现。而了解是为了回到欺骗发生前的同频状态，知道关系所处的阶段，才能作出有利于自己的现实层面的处理。

阳光总在风雨后，乌云下有晴空。在遭遇伤害后，我们可以破茧重生，可以激发内在潜力，保护自己并坚定说出自己的需求。勇敢迈出这一步，就是伤害带来的第一份礼物。

谈判：点到为止原则

为什么要点到即止？因为"停止伤害"是双方的责任和义务，是双方应该作出的努力。从现实层面来说，人是不会真正被其他人控制的，试图控制自己无法控制的人与事，只会让自己心力交瘁，力不从心。我们应该只做自己能做的和需要做的，即明确告诉对方自己的态度和底线。

首先，我们需要有一个清晰的关系的底线，并将这个底线告诉对方。其次，可以给对方具体的要求，让对方配合着重建安全感和信任，恢复日常状态。此时需要注意，如果遇上特别不配合、不尊重伴侣和关系的人，请不要与其缠斗。尽快结束关系，别允许对方进一步影响自己的生活、思考和关于关系的决定。最后，要走出受害者心态。认为自己是受害者时，就把主动权交给了对方——希望对方"能改"，能"补偿"，但感情的世界可能不存在公道和正义。我们应该负起责任，让自己更安全，不再受更多的伤害，生活更快回到正轨。

一部分人有内心阴影，不安全感弥漫到生活的方方面面，已经影响生活，这是很正常的。这个时候我们会处在很敏感的状态，就像一只刚经历被追杀的羚羊，很容易被惊扰，稍有风吹草动，就会如临大敌。这是一种遭遇创伤事件后的创伤后综合反应。从心理学的角度，它是一种预期性焦虑，就像谚语所说，一朝被蛇咬，十年怕井绳。

当出现疑神疑鬼的想法时，可以在一个安静、安全的地方独自坐着，闭上眼睛，把疑神疑鬼的念头想象成一个人或者任何能想象出来的场景。静静地看着它，对它说："我看到你了，你想对我说什么吗？我知道你很害怕，很恐惧，但是别担心，我会在这里陪着你。"这样做几次之后，可以逐渐减少此类想法。

时间是治愈一切的良药，但在恢复的过程中，有一些之前提及的有益练习，可以帮我们恢复得更快，让阴影更少地影响生活。我们再重复一下这些练习：承认、接受所有负面情绪，包括愤怒、羞辱和不安全感等；尽量不做冲动的事，不以牙还牙，也不以喝酒、暴饮暴食或者自伤的方式吞掉自己的痛苦，这可能会让我们在痛苦中沉溺得更久；找到疏解情绪的渠道，散散步或去一个没人的地方大吼几声，在屋中埋进枕头里叫喊也可以，或者捶打枕头、玩偶，去快走、长跑或游泳，找一个可靠的朋友或亲人诉说心中的感受，等等；评估自己是否作好了保护自己的准备。

创伤事件发生后，关系中的双方都会丧失一些东西。一方会感到自己被背叛了，之后无法再全心全意地信任和爱其他人；而另一方会觉得，自己或许永远找不到没有要求的爱。即使双方都没有努力改变以延续这段关系，也一定会为失去而悲伤。承认自己在这件事情中丧失了爱和信任，允许自己因此而悲伤，才是最好的治疗方法。

还需要学会坦然承认过去那段关系已结束，承认自己为此感到遗憾。不要沉浸在过去的美好时光里，显而易见，过去的生活并不那么完美，所以才出现现在的事情。要给自己时间，在没有平静下来之前，不要评判关系应该如何。信任可以重建吗？生活有可能回归日常吗？需要关系中两个人的共同尝试才能够回答这些问题。仅从婚姻治疗的角度，重塑信任是完全有可能的。只要有足够的承诺、足够的勇气和足够的乐观精神，就可以成功。

第二步

抉择的十字路口

亲密关系中的迷思

何以背叛？

对于关系中的选择，我们需要理清思路，进一步思考。

当人们说，"背叛只有零次和一千次之分"和"浪子不可能回头"时，想要表达的是一种潜藏的恐惧。第一次受伤后好不容易恢复了，万一再来一次，还能承受吗？既然有了第一次，为什么不会有第二次？到时候又该怎么办？这种恐惧一方面源自害怕自己再次被伤害，另一方面源自害怕对方不会改变而索性将对方推开的悲观态度。

首先，一个人的背叛有关系和人格等多方面的原因。无法回头的浪子往往是那些缺乏爱、无法自控的人。一种可能的解释是，他们在童年时期承受过巨大压力，经历过失去和分离。从脑神经科学的视角，早期经历使他们脑内与亲密感关系密切的神经递质减少，包括血清素、多巴胺和肾上腺素等。神经递质过少，会让他们感觉平淡无奇，感受不到爱意，只能够通过背叛等刺激性事件来推动脑内神经递质的产生，达到生理上的平衡。正如有的来访者所说，那是自我疗伤的一种方式，是自我催眠，他甚至不想那么做，但无法阻止自己。

也有研究发现，多数人经历背叛后，关系并没有破裂；出现第二次背叛的情况并不多见。有研究显示，背叛后有 60％的人威胁要分手，但只有不到 25％的人最终终止了关系；只有 10％的背叛者选择离开原来的伴侣，和情人在一起。人们认为背叛是因为他们已经不再爱现在的伴侣，但背叛可能是为了有新的体验，与此同时希望和伴侣继续原有的关系，也保持着当初的承诺和初心。

背叛的确因为它带来的对信念的冲击和巨大痛苦，在很多时候被视为一种"不可宽恕的罪"，认为关系无法被修复，幸福也不可能重新回来。这其实是一个迷思。在很多情况下，关系可以被修复，伤痛可以抚平。的确有一些人格上的因素让人们倾向于重复犯错，但关系的质量、一同修复关系的努力和对关系的重视程度，都可能是更好的衡量会不会再次发生此类事件的标准。

其次，关系究竟出了什么问题？没有反思，就不会有关系中的成长。在亲密关系中，双方都需要反思，因为如果出现问题，我们应该视为由两个人共同造成。

两个截然不同的人，带着不同的性格生活在一起，不知不觉中会形成某种相处模式。每个人都有自己的个性，个性在很大程度上影响生活方式，但我们常常觉察不到这种影响。我们会被某种模式掌控，然后以固定模式和伴侣相处，但这种固定模式可能不那么令人愉快。有一句话是，我们能和谁一起生活，基于我们能忍受什么样的人。网络上还曾出现过一个小问题：你愿意和另一个自己一起生活吗？很多人都回答不愿意，说自己其实挺难相处的，一起生活一定很累。我们或许不是那么让人省心的人，伴侣又需要与我们朝夕相伴，所以对个性、自我模式的反思在很大程度上可以提升亲密关系的质量。我们需要了解自己的个性和相处模式，发挥长处。比如，我们喜欢批评人，还是经常赞赏人？批评是不是一种保护自己的方式？批评如何影响亲密关系？我们的交流模式是怎样的？我们喜欢隐藏心事，还是会敞开心扉沟通？

我曾经遇到一位女性抱怨说，她的丈夫从不与她沟通。她不喜欢这样，却不知道该怎么办。仔细询问后我发现，她沟通的方式比较直接，经常指责丈夫，甚至出口伤人。她的丈夫就把想法都憋在心里，不敢表达。日积月累，双方都把矛盾和问题放在心里，不去交流，出现婚姻危机。

什么叫关系的互动模式呢？举个例子，一对夫妻下班了，妻子对丈夫说："今天晚上吃什么？"妻子这句话背后的意图可能是："我希望你可以做饭给我吃，在我家，都是我爸做饭，我已经习惯了。"丈夫的回答是："我们今天晚上出去吃吧。"丈夫不知道妻子背后的意图，他想表达的是："从小到大，我们家都是我妈做饭。既然你不想做饭，我也不想做饭，我们就出去吃。"接下来妻子发火了："你一点都没有做丈夫的样子，也不会照顾人。"因为妻子觉得丈夫没有看到她的需求，虽然她没有明确说出，但她觉得作为丈夫，就应该以这样的方式照顾家人，表达爱意。每天在外面吃饭，都不像一家人了。丈夫听到妻子这样说，也发火了："你是不是无理取闹？"丈夫觉得自己已经体谅她很累，不想做饭，才提出一起出去吃，她竟然还觉得自己不关心她，他很委屈。这类夫妻沟通的时候，都在用自己的想法揣测对方，觉得自己是对的。我们需要想一想，自己平常的互动模式是什么样的？会带着什么样的情绪和状态与对方互动？这样互动时，伴侣处于什么样的状态？

可以尝试做一个小练习：想象一个争吵的场景，即回忆一下与伴侣近期的一次争吵，然后找一张白纸，准备多个颜色的彩笔，画一幅画。画上要有两个人，分别代表自己和伴侣。画一画两个人争吵时候的状态和样子，自己正在说什么，对方在说什么。最后用五个形容词形容自己和对方的状态与感受。可以慢慢完成这幅画，尽量体察自己的感受；在画对方时，尽量采用比较客观的视角。完成后可以观察一下这幅画给你带来什么感觉，也看看你用了哪些形容词，是不是能有新的觉察和发现。

最后，有没有办法预防背叛呢？背叛这件事情，如我们前面所说，受很多因素的影响，它是由人性驱动的，没有办法彻底预防。这就如同我们可以治疗疾病，但永远无法彻底预防疾病发生。当然，如果两个人的关系出了问题，我们可以提高关系的质量，一定程度上预防伤害事件再次发生。

我们可以用诚实为关系建一座堡垒。我建议我们都尝试以直接、开放和诚实的态度与伴侣沟通自己的需求、愿望、期待和欲望。不要用胁迫、威胁的方式，因为通牒和警告并不能真正防止背叛。两个人应该以新方式讨论比较困难的话题，如对生活是否满意等真实的感受。如果心有不满，可以温和、直接地表达，这样会使关系更透明，压力更小，伴侣也会更愿意敞开自己，不需要再逃避。

相信经历了危机的两个人，都可以变得更智慧，对关系的状态有更多觉察。如果在关系刚出问题时，一方就觉察到，带动两个人做一些转变，就不会让关系恶化。我们也常说，一个人受过伤的地方会变得格外坚韧，我们应该对自己的能量有信念，不用担心伤害会摧毁我们。

跨越边界后的情感

一段曾破裂的情感，有可能修复吗？古人说"覆水难收"，这个词讲的也是夫妻关系。从这个词来说，人们对感情的态度真是斩钉截铁的，"我的心已经被伤透了，就像泼在地上的水一样，时光无法重来，我也不可能回到从前"。从婚姻治疗的角度，现实中有很多对伴侣在咨询师的帮助下，在两个人的齐心协力下，修复了关系。当谈到感情是否可以修复的时候，最重要的是，无论结果如何，这都是一个自我成长的机会。

危机事件的发生，让我们可以仔细审视自己从儿童时期就存在的问题。从原生家庭的角度看，被背叛的痛苦程度其实与童年时期的创伤有关。在儿童时期，孩子和父母形成一个三角关系。不管在哪一段关系中，都不得不与第三个人竞争。如果表现不够突出，就可能被遗忘或忽略。这种三角关系的竞争会给人带来一定的依恋创伤。关系中伴侣的背叛，其实是在生活中重现了这种三方对峙关系，成人后的我们要面临新的竞争、被背叛的紧张和失去的恐惧，这样的局面可能激起儿童时期的创伤体验。当伴侣背叛誓言时，首先崩溃的是一个人的自尊心，从童年时期起积压在心里的不安全感也会被重新唤起。这种痛苦之所以如此难忍受，是因为它触发了幼时的我们最害怕的事情——被抛弃。很多人耿耿于怀，无法宽恕伴侣，也不愿意修复关系，是因为他们内心恐惧的小孩在表达自己有多害怕。只有脱离这段关系，他们才会感觉好一些。

我们说，关系的变动和解体有自然的变化周期，但如果心中有这样的恐惧和阴影，就会将对方的离开和背叛看作一种不可饶恕的、恶意的伤害。其实这也可以成为一个机会，让我们看到内心一直很受伤的自己。如果恰当地处理了这些情绪，一直积压在心底的难题就有机会解决。在自我觉察、自我疗愈的过程中，我们会逐渐了解自己为了适应父母的爱而产生的一些应对模式，比如易怒、挑剔、逃避问题、冷漠等。也可以看到这样的应对模式怎样影响当下的生活，尝试着去改变和释怀。

表面上看，关系能否修复要看对方的表现，但事实上，我们自己的认知，我们能不能真正回到自己的内心，思索自己的问题，也是回答这个问题的关键。当然，修复是双方的，关系中的人都需要觉察自己的行为模式，作出一些改变，一起展望新的未来。

这可能是一个很痛苦的过程。但我们如果想要营造良好的关系，对对方的理解是必不可少的。除了对自身原生家庭的觉察，我们可以将了解对方的原生家庭模式当作一个练习。原谅、和好不是必需的，但是了解对方的原生家庭，一方面有助于我们反观自己，另一方面有利于理解为什么对方会有这样的行为。理解是一个高尚的人、一个有力量的人才能作出的尝试，也是走出痛苦、走出仇恨的一把钥匙。

背叛者通常拥有什么样的模式呢？家庭治疗中有一个概念是家庭秘密，每个家族中都有难以言说的秘密，它就像房间中的大象，每个人都被这个秘密影响，但人们对此避而不谈。背叛、离婚、堕胎、家族成员的死亡等事件，都被看成家庭中的秘密。正所谓"家家有本难念的经"，家丑不可外扬。但是，没有被处理的家庭秘密可能在家族中一代代地以相似的行为模式传递下去，其中，背叛的行为也会像其他家族遗产一样世代相传，这也被视为一种以不同的背叛对象来弥补心灵空虚的非理性、难以控制的表现。

通过对原生家庭的觉察、反思和改变，如果双方对自己在关系中的模式有所了解，对自己为什么会找到现在的伴侣有所洞察，就自然会明白，是双方共同促成这样的局面。只是离开某段关系并不能解决问题，需要做的是共同在关系里解决问题，承担双方的责任，完成自己的成长。

我们可以做些什么来帮助自己自我觉察、反思、疗伤和成长呢？除了与伴侣一起接受婚姻治疗外，作为个体，也需要和曾经伤害过的人和好，修通关系，为自己构建一份更深刻的爱。我有一位女性来访者，童年时经常目睹父母争吵。她一直觉得，婚姻没有意义，婚姻意味着争吵，男性是不可靠的。为了避免欺骗和背叛，她嫁给了一个各方面条件都不如自己的人，朋友都觉得没法理解。她以为，嫁给这样的人就安全了，可是没有想到，对方还是背叛了她，背叛的对象还是各方面条件都不如自己的一位女性。她的自尊心受到极大的伤害，匆匆离婚，之后很长一段时间内都对亲密关系感到恐惧。

她寻求心理咨询师的帮助，了解到自己受原生家庭的深刻影响，对父亲和母亲一直有埋藏于心的仇恨和愤怒，但从未表达过，也不知道如何表达与处理，所以一直没办法在关系中做自己，一直活在假我的抽离状态中。丈夫感觉到她在婚姻中没有活力，并不爱自己，也很痛苦。后来妻子全家一起接受家庭治疗，其父母改善了夫妻关系。当这位女性见证了父母的婚姻中不只有战争，也有温情和爱的时候，她对婚姻的信念也回来了，与父母的关系有所改善，开始诚实地面对童年时期的痛苦经历。她学会打开心房，面对自己。后来，她遇到现在的伴侣，开启一段崭新的爱情和婚姻之旅。如果不是全家人都共同努力，这种代代相传的相处模式可能会传递下去。为了避免这种情况的发生，我们可以用一些方法对自己的模式有所觉察和反思。

我在多年心理咨询实践中总结出个人成长的三个步骤：生命经历无意识的重复和轮回；个体开始对自我和重复的脚本有所觉察，开始改变；个体将旧有的自己和改变后的自己整合，成为全新的自己，获得新生。

我们每个人都有自己的人生脚本，或者说重复的模式，它在民间会被传为"月老的红线""宿命""命运"等说法。比如，一个人会不由自主地爱上同一类型的人，即使他在脑海里知道自己应该远离这类人，但无论如何选择，他还是会陷入旧关系模式之中。

这里我想提供一个小工具，让我们更能觉察原生家庭带来的影响。找一张纸，开始回忆最早能够记起的与主要抚养者的互动。主要抚养者就是小时候大部分时间陪伴我们的人，是我们的养护者。很多人的主要抚养者是爸爸妈妈，也有很多人是外公外婆或爷爷奶奶。能回忆起什么画面？画面里的我们在做什么？主要抚养者在做什么？他们有怎样的表情？尽可能详细地回忆，把这些回忆画下来。

然后想一想，写下三个形容词来形容主要抚养者。如果是爸爸妈妈，就分别写下对爸爸和妈妈的三个形容词。在每个形容词后面加一句对符合这个形容词的事件的描述。这个过程可能会很困难，也可能激发一些创伤性回忆，请在一个不会被打扰、私密的环境中书写。

自我觉察是一个漫长的过程，但它是通向理解、原谅、成长和伤痛愈合的必经之路。

三个认知误区

从婚姻治疗的角度，遭遇危机事件后，在自我觉察和双方的共同努力下，感情是有可能修复的。既然感情有可能修复，那么要不要继续这段关系很大程度上取决于自己的感觉和心意。爱还在不在？想不想分开？此时我们会处在矛盾的感觉中，会很混乱。

现实原因有很多，每个人情况不同，此处谈谈常会有的三个认知误区。

误区一：高估分开的痛苦，低估留下的痛苦，所以强迫自己留下。

我们可能会觉得，如果和对方分开，自己会有一种被抛弃、低价值的糟糕感觉，所以坚决不分手；也可能因为害怕孤独而惧怕离开糟糕的关系。但心理学的研究显示，如果一个人长期处在糟糕的关系中，通常会比一个人独自生活有更低的生活满意度和更不稳定的心理状态。名存实亡的关系对人的伤害更大，因为我们会感觉自己好像卡住了，进退两难。除了害怕孤独之外，我们也可能担心，离开这段关系就再也不可能真心相爱了。我们也许会想："如果从零开始，我还可能找到对我好的人吗？""虽然这个人对我不好，但是我们有共患难的感情，总比陌生人好吧？"这种对分开后生活的未知恐惧是很正常的，但如果因为担忧而在关系中勉强自己，其实是得不偿失的。

误区二：低估分开的困难，认为分开是结束双方痛苦的途径，所以毅然分手。

我们可能会觉得，这段关系很难挽回，留下来困难更多，让关系回到从前的希望很渺茫，不如干脆以分手结束一切，让这个错误在这里结束，让生活重新开始。留下的确比离开更困难，但这不代表离开的选择不需要付出代价。根据调查，很多人在分手后因为双方没有直面关系中的问题而耿耿于怀，更容易造成持久的创伤感受。

以上两种误区都是人们自然产生的想法和感受，在作决策时，我们得注意不要走极端。分手固然是痛苦的，但也可能开启别样人生；留下并且要使感情变好，是比分手困难许多的事，但分手并非解决问题和了结痛苦的万用灵药。

误区三：在选择中过于重视别人的感受，忽略了自己的感受。

很多人会过于重视他人的感受，比如担心分手会让家人觉得丢脸，或者会让一些人失望。如果已经有了孩子，孩子的存在有时候很影响决策。很多人会觉得，坚持不分手是为了孩子考虑，为了孩子有完整的家，必须留在婚姻中。可是为了孩子勉强维持婚姻，会让人身心俱疲。孩子在没有感情的家中成长，和他在一个快乐、轻松、充满爱意的单亲抚养者的照顾下成长相比，其实前者更容易出现问题。

分还是不分，对于这类抉择，自己的感受才是重要的判断依据。我们自己才是一切决定的核心，不应该被外在的要求、条件所左右。哪怕此时我们感觉自己处在混乱状态，也有一些办法可以让我们更清楚自己的感觉、需要、期待。

如何判断自己想不想分手呢？背叛是亲密关系的警报器。在临床咨询和研究中，研究者发现，亲密关系本身的质量是发生危机事件的原因；这一关系当下的质量，可以作为第一个判断标准。

婚姻家庭治疗师高特曼提出一个名为"爱情开关"的衡量方

法，来评估一段关系是否走到了尽头。所谓爱情开关就是根据双方对彼此感情的共同记忆的积极和消极程度，来评估感情的质量。我们回忆往事时，会记住那些有显著意义、带有强烈感情色彩的事，这些事要么是十分痛苦的，要么是非常快乐的。如果两人关于爱情的记忆以积极的回忆居多，他们的爱情开关还是灵敏的，爱情就可能重燃。如果以消极回忆居多，爱情开关可能已经失灵了，就很难再打开。关系是双方的事情，如果一方的开关还灵敏，另一方的开关失灵了，关系也无法继续下去。

我们和伴侣此刻对关系的态度和关注点，会影响对爱情史的记忆。一段关系究竟是无药可救，还是尚存一线生机，取决于双方讲述爱情史时的态度是消极的还是积极的。在高特曼的研究中，这种方法在预测关系会不会失败时很精准。他对 140 对夫妻展开研究，预测他们在未来 4 年内会不会分手，这个方法预测的准确率达到 94%。预测时既可以让双方回忆爱情和婚姻史，也可以写下来，用客观的视角审视它，或者找友人倾听回忆，让朋友作出判断。

我们可以回顾自己的爱情和婚姻的经历，具体做法是：拿一张纸，写下回忆中这段感情的种种细节，包括如何相识、对彼此的第一印象、约会细节、当初的状态，以及过去我们在关系中想要什么，对方给予了什么。

写下关于感情的回忆之后，应该怎样衡量这种回忆，判断关系的质量呢？有以下几个维度：第一个维度是上文提到的积极和消极情绪的比例，判断是积极情绪还是消极情绪占主导。第二个维度是"我？还是我们？"，如果在回忆中，我们强调的是情感生活对自己的影响，无法对生活事件达成共识，也就是更多地使用"我"，而不是"我们"，就可能意味着关系会指向一个消极的结果。第三个维度是"失望还是满足？"，即在回忆中感受到失望或愿望落空的次数比较多，还是愿望、期待被满足的次数比较多？对于失望和满足，哪一种回忆更深刻一些？如果在想到爱情史的时候，全是争吵之类的失败故事，感受到的多为消极情绪；当想到过去发生的冲突时，都是"我"怎样和"他"怎样，而不是"我们"怎样；在回忆中期待落空的次数比满足期待的次数多得多，失望的记忆比被满足的记忆感受更强烈，可以说，这段关系已经很难挽回了。

我们既可以用这三个维度作出自己的判断，也可以邀请伴侣做这个练习，从而比较客观、清晰地了解双方的感受和看法。毕竟，感情是两个人的事，想不想分开与双方的感受都有关。

如果这三个维度还是比较抽象，可以参照表1中的问题。请回答所有问题（可打钩），对照结果后我们会有更清晰的感受。

表1　感情还有挽回的必要吗？

问　　题	非常赞同	赞同	中立	反对	非常反对
1. 我对这段婚姻感到失望。					
2. 我不喜欢伴侣的人格特质。					
3. 我们的生活像一团乱麻。					

续 表

问　　题	非常赞同	赞同	中立	反对	非常反对
4. 我觉得我的伴侣很自私。					
5. 我生气的时候，伴侣无法体谅我。					
6. 当陷入逆境时，我们不能共同解决和面对。					
7. 我的伴侣轻视我。					
8. 我常在公共场合被伴侣嘲笑。					
9. 这段婚姻完全没有达到我的期望。					
10. 有时我的伴侣会取笑我。					
11. 我觉得我和伴侣是完全不同的人，我无法理解其所作所为。					
12. 我们翻来覆去地为同一件事不断争吵。					
13. 我难过时得不到对方的回应。					
14. 我们常常吵架。					
15. 伴侣经常忘记我们重要的日子，也从来不送我礼物。					
16. 我在家里总是很生气。					
17. 我已经失望太多次了。					
18. 伴侣不在乎我的愿望，也不想听我的意见。					

　　填完表之后，在中立的一栏画上一条线，看看是中立线左边的标记比较多，还是右边的标记比较多。如果左边的标记更多，说明这段感情已经让我们很累了，是时候思考能否将它放下或者

暂停了；如果右边的标记更多，说明虽然关系出现波折，但总的来说，伴侣还是满足了一部分需要，共同生活中还是有比较愉悦的部分。

每一段关系都来之不易，我们也在一段共度的时间里见证了彼此的成长。这一段时间的陪伴，无论是充满快乐还是总有泪水，都是我们人生旅途不可或缺的珍贵体验。因为曾经有过快乐，因为曾经满怀憧憬，所以在作决定时也应该有一个慎重的决策过程，给自己和伴侣一个缓冲的时间和一个郑重的交代，才不至于辜负当初的我们。

判断的准则与底线

在作决定时，除了个人情感角度，还有现实层面的考量——这段感情健康吗？我们应该待在这段关系里吗？关系里有哪些底线是不能触碰，一旦出现，就应该直接考虑分开的？

判断是否应该分开的准则有三个。第一个判断准则是行为改变，以及对方能在多大程度上配合？也就是说，对方能否做到行为转变和行为透明化。曾经有位来访者问我：怎么才算对一个人好？常见标准如肯花钱，甚至把存款都交给对方保管，这可谓一种付出和信任。但一个人愿意为另一个人、为感情作出改变，才是真正、持久的"好"。物质上的给予是一瞬间的决定，改变需要的是日久天长的坚持，哪一种付出更困难是一目了然的。如果伴侣愿意身体力行地付出努力来修复关系，就是很积极的信号。

行为的改变和透明化必须包括很细微的事情，以最严格的态度去遵守，比如要按事先约定好的方式做事等，这对于安全感的重塑非常重要。

第二个判断准则是事件重述。双方有多坦白？歉意有多真诚？也就是说，双方秉持什么样的态度。如果没有对关系进行彻底的剖析，就不可能打破不信任的屏障。只有双方绝对诚实，彼此才有可能相信这段关系还值得挽救，对双方来说才公平。两个人需要了解彼此曾经被蒙蔽的灰色地带，才能看到关系乃至婚姻的全貌，才能站在同一个基础上面对未来。在谎言和掩饰之上，是无法建立新的信任和感情的。

恶劣态度的另一种表现是对错误的美化。当需要回顾整个事件时，一方可能避重就轻，甚至会将责任推到另一方身上。无论用多么优美的言辞，多么动听的理由去修饰，这样做的潜台词都是"我才是被害者，我什么也没有做错"，这是一种对现实的歪曲和责任的推卸。错误就是错误，我们需要直面错误和承担应承担的责任。

第三个判断准则是这段亲密关系的意义有多大。两个人从相恋到步入婚姻，再到背叛，为什么会如此发展？这是双方都需要反思的问题。如果一方只想维持一段形同虚设的关系，比如考虑自己的事业、地位等而决定不离开，并不想真诚地付出努力，就不会配合做这方面的探讨，双方对婚姻的意义这个问题也不会有清晰的答案。维持一段名存实亡的关系，会使双方都感到孤独、痛苦，得不到亲密关系原本应给予的真诚的支持、陪伴和温暖。

在明确判断准则之后，我们还需要明确自己的底线。第一个底线是诚实。诚实是关系非常重要的基础。有时我们会在头脑中替对方找借口，"他有他的苦衷"。但我们的感受是敏锐的，一般来说，真正回归关系的人，时间一长自会带来稳定感。如果你们的生活依然风波频频，你依然处在草木皆兵的状态，"不对劲"的感觉一直出现，就要相信自己的直觉。

这种时候常会出现一些让人迷惑的情况，如对方言行不一和忽冷忽热。我们会感到困惑，觉得对方言行矛盾，好像有两个不一样的人住在同一个身体里。我们甚至会帮对方找理由，如对方可能"只是心情不好"。此时要警惕，当我们感到对方承诺的事情做不到，态度和行为矛盾的时候，对方要么在哄骗，要么在人格上有根深蒂固的问题。

一部美剧里有一个片段，丈夫背叛妻子，被妻子发现，丈夫和她说，这只是意外，再也不会发生了。妻子原谅了他，但是有一天，当她帮丈夫洗衣服的时候，发现兜里有香烟，她站在原地愣了很久，在那一刻决定要结束这段婚姻。因为她在早晨刚刚问过丈夫是不是又开始抽烟了，丈夫说，怎么可能，早就戒了。这个小谎言让妻子意识到，丈夫不可能真诚面对她了，他已经习惯撒谎。她也不可能再有安全感，所以下定决心要离开。这个例子中的丈夫似乎在扮演丈夫的角色，遵守约定，诚心悔过，但他在人格方面有问题，会出现习惯性欺骗和背叛。

第二个底线是，关系中不能包含家庭暴力。家庭暴力包括身体暴力、婚内性虐待、精神暴力和情感暴力等。身体暴力是指任何为了使对方产生恐惧、痛苦、伤害的行为，比较典型的表现为拳打脚踢、用棍棒殴打等，更隐晦的形式还包括阻止对方接受医疗治疗，不许对方睡觉，强迫服用药物，等等。

婚内性虐待也是家庭暴力的一种，也就是在伴侣不愿意的情况下，强迫对方与自己发生性行为，给对方的身体和心理造成类似强奸的严重伤害。

精神暴力指虽然没有在身体上摧残伴侣，但会折磨对方的精神和心灵。常见的形式是经常言语辱骂或者威胁伴侣，让伴侣的精神长期处在高度紧张状态，内心极度缺乏安全感，影响日常生活和工作，甚至可能患抑郁症等心理疾病。如果对方经常用恶劣的语言辱骂我们，或者辱骂我们的父母、亲戚、朋友，冷嘲热讽，让我们感到自尊心受到严重的打击，对方就是在施加精神暴力。

情感暴力又称"冷暴力"。双方出现矛盾，一方以冷漠的态度面对，不想办法挽回感情，而是选择漠视、疏远对方。虽然生活在一个屋檐下，却形同陌生人，不关心伴侣。这样的关系就像没有硝烟的战场，一方用冷漠的态度和行为使伴侣精神崩溃。其行为还包括对家里的任何事都不管不问，不做家务，不信任对方，经常不回家。一方试图用这样的行为一次次地攻打伴侣的心理防线，最终目的是让对方崩溃和离开。

如果背叛方采用情感暴力和精神暴力，我们有时可能没有意识和觉察到自己已陷入希望和失望的恶性循环。也许我们在期待对方有一天会变好，也许我们自己在暴力环境中成长，潜意识中对这种受折磨的模式很熟悉，虽然痛苦但没有力量走出来，难以和虐待自己的人分开。也许我们正缺乏心灵力量，难以抉择。这个时候，我们需要求助于亲近的家人和朋友，或者专业的婚姻治疗师，以及能找到的各种社会支持力量，比如妇联等社会组织和机构，来帮助和支持我们离开恶劣的婚姻环境。

长期处在情感暴力和精神暴力中，对一个人的心理有严重影响，会使人陷入抑郁、悲观、绝望中，甚至出现自残、自杀等行为。情感暴力和精神暴力让身体进入一种慢性应激状态，我们可以理解成身体好像一直有炎症。长期的慢性应激会降低机体的免疫力和抵抗力，让人容易生病，甚至缩短寿命。如果有孩子，这样的家庭环境还会对孩子的心理产生不良的影响。因此，如果我们或者孩子长期承受家庭暴力，需要马上选择离开施暴者。如果因为家庭暴力而患上躯体或心理类疾病，需要马上寻求专业的援助。

离婚是人生中重大的有关丧失的议题。在各种生活事件对人的心理产生的负面影响排名中，离婚排在前十名，仅次于丧失亲人和丧偶。离婚的人可能会经历震惊与否认、迷惘与困惑、孤寂与凄凉等心理历程，最难的部分是处理心灵的剧痛。可是同时，离开一段糟糕的婚姻也是一种心灵的解脱。如果我们相信自己能够看到希望，看到生命中的资源和力量，必要时寻求专业人士的帮助，就一定能走出阴影，迎来崭新的人生。

关于留下

如何处理失落和愤怒？

出了意外的亲密关系，就像一盆原本健康的花遭了虫灾，叶子枯黄，根茎也开始腐烂，如果不做些什么，虫灾就会逐渐扩散，整株植物死掉。要让亲密关系回到最开始的健康、生机蓬勃的状态，要经历两个阶段，即剧痛处理期和修复期。

在剧痛处理期，对于那盆生病了的花，我们先要清理掉已经枯死的叶子和根茎。也就是说，在亲密关系中，我们需要一起发泄指向彼此的"有毒的"、攻击性的情绪和想法，要共同面对和处理"生病"的部分。剪掉枯黄的、生病的枝叶，给它喷药，给它施肥。在关系中就是双方要学习正确的相处方式，建立新的边界，给彼此空间以让爱意和亲密感逐渐生长出来，就像植物慢慢长出新鲜的嫩芽。

要修复关系，为什么首先必须处理愤怒、哀伤、失落这些负面的情绪？因为在剧痛处理期，主要的任务是存活，要挣扎着让自己在痛苦中生存下来。咬紧牙，撑过起初最痛苦的一段时间，然后慢慢包扎伤口。最初需要面对和处理的就是愤怒、哀伤、失落等各种情绪，这些情绪会不断交替出现，让我们几乎没办法稳定生活，好像在大海中漂浮，时起时沉，时不时被浪头卷走。当这种情绪状态占主导时，是很难开始成长或修复的，因为我们还处在需要被帮助的阶段。

随着时间的推移以及情绪的被看见和处理，各类情绪的强度会慢慢减弱，我们的状态会逐渐稳定下来。这段时间可以是几个月，也可能是几年，因人而异。

人生中会有很多丧失，比如自然灾害、亲人去世等天灾人祸，在亲密关系层面，也往往面临很多丧失，如失恋或者离婚的时候，我们就会失去一段亲密关系；原本带着满满的期待进入亲密关系中，却感到非常失望，这也是一种完美期待的丧失；亲密关系中的背叛同样是一种不亚于天灾人祸的安全感和爱情的意义感的剥夺和丧失。丧失意味着我们的期待和外界对我们的反馈产生较大的落差，它会在很大程度上撼动自我的价值感和人生的意义感。亲密关系出现危机时，会让一个人好像坠入无尽的深渊，开始怀疑人生的意义与自我的价值。

心理学研究发现，丧失事件引起的各种情绪如果没有处理，就会变成创伤，一直留在记忆中，一遍又一遍重演。这种创伤式闪回就像鞋里的沙子，会不停刺激双方，使伴侣间的冲突不断重演、升级。累积的消极情绪越多，交流就会越差。因此，在个人和关系的层面，都需要先面对和处理消极情绪。

如何处理消极的情绪？从认知层面来说，双方都需要意识到，两个人的确失去了一些很珍贵的东西，要愿意接受这种丧失。精神分析理论认为，承认丧失很重要，这个过程是必要的成长过程。丧失从一出生就始终伴随着我们。在婴幼儿时期，我们十分弱小，对养育者有完美的期待。我们希望爸爸妈妈随时都在身边，在恐惧的时候对我们温柔地说话，在孤独的时候拥抱我们，在犯错误的时候原谅我们。当爸爸妈妈在一些时候"辜负"我们的期望，让我们失望时，我们会觉得他们很糟糕，不够好。但在被满足和不被满足的经验交替出现之后，我们逐渐意识到，原来他们既不是最好的爸爸妈妈，也不是最坏的爸爸妈妈。我们能得到的只有现在的爸爸妈妈的爱，不可能得到幻想中最好的爸爸妈妈的爱了。这时候，我们经历了人生中的第一次丧失，失去了想象中完美的照顾者。我们会陷入暂时的抑郁和低落，但我们会慢慢接受这种丧失，承认失去这一愿望，开始接纳真实，完成人格上的一次成长，也开始学会自己满足自己的一些需要，学会耐心地等待爸爸妈妈回来。

当亲密关系中出现背叛这个丧失时刻，我们其实在经历与小时候相似的过程。被背叛的一方通常会感到自己无法再全心全意地信任和爱任何人，对一个忠诚、充满爱意、体贴的伴侣的期待就此落空；而另一方也经历了对爱情、关系的失望，甚至可能对自己失望。双方都会为自己的损失而感到失落。

像上面我们谈到的孩子一样，丧失导致的抑郁只是一个阶段，我们需要看到亲密关系中好的部分和不好的部分，去接纳这种丧失，让自己经历难过、悲伤和哀悼，然后把好和坏的部分整合起来，才能建构真实的亲密关系。真实的亲密关系虽然有瑕疵，但也因其真实而美好，因为双方永远有机会一起携手经营好的部分。

从认知上，对于被背叛的一方，承认自己在这一事件中丧失了爱和信任，允许自己因此而悲伤，才是最好的治疗方法。对于被背叛的一方，也需要承认，之前的亲密关系已经告一段落，需要面对自己的错误，消化对自己的失望，也抛弃那种"我的伴侣会无条件地包容我"的不合理期待。

失落的表现可能有失眠、疲倦，经常一个人发呆、叹息，记忆力无法集中，情绪低落或者情绪变化快，有时候情感麻木，身体僵硬，没有感觉，有时又一下子热泪盈眶，悲从中来，自怨自艾。之所以会有这些表现，是因为我们对亲密关系的失望类似于婴儿被母亲拒绝和忽视而出现的悲痛和丧失。当母亲离开孩子时，孩子会难过，追着母亲，甚至大哭大闹。如果母亲可以抚慰和安慰孩子，言语和行为上作保证，孩子就会慢慢安心。因此，背叛的一方需要付出努力，允许另一半退行，暂时回到孩子的状态。另一方也要站在伴侣的视角，感受对方的失落，鼓励对方和自己分享这种感觉。当两个人能够共同分享感受，就可以在低落的情绪中找到一些共鸣，感觉离彼此更近。

也有一些具体的方法，可以帮助我们更快地走出失落感。第一个方法是，要允许自己悲伤、难过，允许自己出现各种丧失的感受。每天给自己 15—20 分钟的"悲伤时间"，做一点小练习，沉浸在悲伤和失落中。到时间就停止，做别的事情，转移心情。可以在这段时间里哭泣、写作、打电话给朋友倾诉、陷入悲伤的回忆，等等。我们有权利如此做，前提是这种悲伤是我们可以承受的，并在该停止的时候及时停止。如果情绪过于低落，应该求助于专业人士，不要独自扛过这个阶段。

第二个方法是，减轻罪恶感、羞愧和恐惧。伴随着丧失出现的还有一定程度的自我攻击和对他人的攻击。当我们注意到自我责备的想法，比如，"我当时要是……就好了""我如果能做得更好就好了""都怪我在……上做错了"，请提醒自己，责怪自己和他人无济于事，还会陷入自怨自艾的陷阱，增加创伤感和无力感，让我们更加不知道应该怎样生活。尽量关爱自己，告诉自己，这一切并不是我们单方面促成的。

第三个办法是，把焦点放在改善未来的关系上。在和对方的互动中，有意识地发起更多积极的活动。比如，可以邀请对方，在未来一个月中，两个人一起做三件双方都愿意参与的好玩、有趣、开心的事情。

说完失落感之后，再来谈谈愤怒感。失落感让人感觉如坐在黑暗中无法动弹，在失落之中我们可能攻击自己；而愤怒感像一个随时会引爆的炸弹，在伴侣之间传递。愤怒感的出现是自然而然的，但如果没有合适的方式引导炸弹的释放，它会对关系有极大的破坏性，也会阻碍关系的修复。

处理愤怒的关键在于表达。我们说过，当情绪被看见，它的效力就会减弱。愤怒是指向对方的，所以在两个人较平静的状态下，以比较合理的方式平等、公平地诉说愤怒，可以有效地避免突然爆发冲突，避免毫无准备下的伤害。

我建议的具体方法有三个步骤。首先，双方诉说和倾听彼此的感受和需求。找一个两个人都有空且情绪比较稳定的时间，做一次面对面的交谈。这个交谈的主题是：对伴侣或者婚姻的不满和愤怒。交谈需要设定一个时间，比如每个人诉说 15—20 分钟。练习不是肆意发泄，你们是彼此的练习伙伴，表达者需要注意措辞和情感的强度，注意对方的反应。当双方感觉气氛过于紧张时，一定要及时暂停。就像一个充满气的气球，要放气的话，要一点一点安全地释放。而倾听方在聆听的时候要尽量把自己放空，告诉自己，这是对方的情绪，对方只是想让我听到，我不一定要对这种情绪负责。双方轮流发言的时候，要遵守规定的时长，也不互相打断。都表达完毕后，可以简短地讨论一下刚才的感受。在讨论愤怒的时候，要注意不要只表达负面的感情，比如"你真是太糟糕了，我对你特别失望"，也要加入一些中立的，甚至积极的表达，例如，"在我心里你是能力很强的人，所以我特别期待在那些时刻你能给我一些指引……"。注意，这不是吵架，所以不能够肆意地发泄和攻击，这是让彼此看见关系中的负面情绪的珍贵机会。

其次，觉察彼此的原生家庭对婚姻的影响。对应的谈话主题是，了解对方的童年故事，了解对方从小和父母的互动模式，了解对方对自己的父母有什么期待和失落。我们也可以借这个机会，让伴侣更加了解我们。也许双方可以在对方的童年故事中找到自己的影子，有时讲述者讲着讲着，甚至会说出这样的觉察性话语："当你忽略我的时候，我好像看到了我爸爸对我的冷漠。"在轮流表达之后，可以谈谈在对方的故事中看到了什么，觉察了什么，在自己讲述的过程中感受到了什么。这个过程中可能会有很多眼泪和情绪，聆听者需要尽量在这个过程中支持自己的伴侣，准备好纸巾，在对方哭泣的时候注视他，或者轻轻拍拍对方的肩膀，捏捏对方的手。

最后，给对方列出三个需要改进的行为。双方都同意修复关系，所以彼此的位置趋于平等。也只有在平等的基础上，才能够开始新的关系。彼此都可以向对方提出三个请求，或者三件希望对方改进的事情。然后，请至少同意三件事情中的一件，例如，"我希望你陪我一起做饭，不要躲到一旁去看电视""我希望在孩子的问题上我们可以多多商量，共同决定"。不要光挑剔某种行为，要指出希望对方作出的改变，描述得越详细越好。如果对方觉得不太合理，提出自己的想法，两个人最好可以商讨后共同决定。双方都可以灵活一些，多给对方留一些空间。列要求的目的不是争辩，也不是换一个伴侣，而是通过这些办法，能更好地和眼前的伴侣共处。

练习良性沟通

在处理情绪之后，进入下一个阶段，看看是否可以尝试给伴侣机会，双方是否可以相互向对方妥协，做一些良性的沟通，这其实就是帮助彼此走近的过程。在这个阶段，沟通的质量很重要。

根据我的咨询经验，在这个过程中很可能会有反复。有时候，可能在理智层面觉得，"我原谅这个人了"。但也许对方的一句话，或者两个人接触时一刹那的迟疑，就会再次激发复杂情绪，好像一切都回到了原点。这些都是有可能的，没关系，请多给自己一点时间，也多给对方一点时间。请用良性的沟通方式了解对方现在的状态，促进真正的原谅发生。

首先要明白，良性沟通并不是让对方赎罪，不是惩罚者的一种特权。它更像一种走向彼此的仪式，需要两个人的配合。两个人既需要互相理解，也需要学会控制冲突。

第一个具体行为就是，一方要主动修补两人之间破碎的信任和安全感。也就是说，背叛者需要接受自己的错误，作出承诺。当亲密关系中的信任被破坏，就像家里有一个人不小心把水管弄破了，弄破的人应该就是找来工具和修好水管的人。同时，在一段时间里，他都需要查看水管是否正常工作，是不是需要做点其他事，把遗漏的漏洞补上。

我曾经听过一个故事。一对夫妻关系有了裂痕，此时，丈夫想和大学时的前女友一起吃饭，但妻子不希望他们见面。丈夫没有顾及妻子的感受，还是和前女友一起吃饭了，破坏了与妻子正在重建的信任关系，最后两个人离婚了。当然，可能是妻子多疑，丈夫和前女友的见面的确是单纯的，是友谊性质的，但问题在于，丈夫在敏感时期忽略了妻子的情感需求，妻子也因而失去坚守的信念。

重建信任是关系修复的关键因素。很重要的一点就是，要重视和优先考虑伴侣的心理和感情需求，并向对方表达、展示这种在乎。"我很在乎你的感情，所以我推掉了与前女友的见面"，要展示这样的诚心。想让亲密关系持续下去，一方必须认同伴侣的合理要求，也要主动关心伴侣的感受。当然，这个阶段并不那么容易，所以我们要采用良性的沟通技术，以更顺利地度过这个阶段。

第二个具体行为是，除了主动修补信任和安全感之外，还可以实施一些不过分的"小惩罚"，因为愿意接受惩罚代表着将权力交给对方，代表对对方的信任和顺从，这会让另一方更快地走出被伤害的无力感和委屈。两个人可以商讨和确定一些双方都能接受的惩罚措施，常见的措施有，给对方写一封检讨信，做诚挚的道歉；一方连续三十天为对方做饭，做对方爱吃的菜；一方陪另一方做一件后者一直想做但没做成的事，比如去某地旅行，或者买某个想要的东西。这样的小惩罚更像一种仪式，而不是为了折磨对方。之后，平等感会慢慢回到关系中。如果一方发现自己很希望在这一步"真的"惩罚伴侣，希望看到伴侣很痛苦，就建议暂停，多给自己一些时间。

亲密关系不是一报还一报的战场，委屈和受伤可以以平和的方式被补偿。关系重建是双方的目标，互相仇恨和攻击只会让两个人两败俱伤。

高特曼也认为，一方应该给另一方定下一些惩罚措施。也就是说，两个人可以共同商定，如果再次出现背叛事件，会受到怎样的惩罚。这是在为关系定下新的边界、新的保险措施。

其次，在这个阶段，一方必须保持耐心，不能为自己申辩。我知道这很困难，在这个阶段，两个人的情绪都不太稳定，而遭遇伴侣的指责时，我们下意识地想要自我防御，甚至以攻击对方的方式实现自我防御，这种沟通模式会激化矛盾。真实的情况当然是非常复杂的，罪责难以划分，但是在关系重建的这个阶段，一旦发生争执，就急着为自己辩解或者攻击对方，是无法达成真正的谅解的。

在争吵的时候，如何做到平和地接纳对方的怨气，不自我防御，也不攻击对方呢？如何在怒气涌上来的时候，以更有利于关系修复的方式表达情绪，而不引起对方的激烈抵抗呢？一个具体方法是无防御聆听。当感受到对方的言语攻击时，首先深吸一口气，放松身体，继续保持倾听。此时可以想象自己只是一面镜子，把注意力放在对方身上。在倾听的时候一定会涌出一些反应，请持续深呼吸，把想说的话咽下去，把注意力集中在对方身上。有一个小技巧是，在脑海中把"他/她"当主语，而不是把"我"当主语。如果想法是，"我被攻击了""我不是他说的那样"，我们就会反击和防御；如果想法是，"他在表达自己的愤怒""她好像真的很痛苦""他希望得到我的理解"，我们就会觉得对方的话容易接受多了。的确，伴侣的情绪会因为我们所做的事情而引发，我们可以倾听、陪伴，但伴侣描述的我们不一定是真正的我们，我们也不需要对伴侣的情绪全部负责。试着在伴侣诉说的时候，作出一些中立的回应。如果在沟通过后，我们还是觉得不舒服，可以在笔记本或者电脑上记录伴侣说的话以及自己的反应。以写作的方式整理情绪，也可以让我们恢复平静。

这个方法在其他冲突场景也适用。它主要是希望双方都能够更多地倾听和接受，懂得进退适当，使关系保持弹性。如果一方一味地承受另一方的压力和抱怨，会像一个充了太多气的气球，总有一天会爆炸。

亲密关系中为什么会出现回避、不沟通的状况，以及伴侣双方如何做到真正的深度沟通呢？

我有一对来访者，他们是夫妻。丈夫在工作中遇到麻烦的时候不愿意跟妻子说，因为他觉得妻子工作很忙，工作压力很大，还要照顾两个孩子，不想给她添麻烦。丈夫自己的工作压力同样很大，经营的公司好几年都遇到资金周转问题。他选择对妻子沉默，不向妻子抱怨，但他向身边一个相貌、能力都不如妻子的女同事倾诉。实际上，小时候他的父母也不大交谈，家庭成员都很沉默，虽然不争吵，但也不表达对对方的爱意。丈夫在自己的婚姻中选择了同样的方式来面对冲突和烦恼，对冲突避而不谈。

可是人的压力很大时，总会需要一个宣泄途径。他的女同事不像妻子那么能干，而是非常需要他人的帮助。丈夫在和女同事的关系里更能体会到自己的价值，也更敢暴露遇到的问题。妻子的性格其实与丈夫类似，实际上非常需要丈夫的帮助，可她习惯了从小到大都自己处理好事情，表现得很坚强。她也觉得丈夫压力很大，不应该增加丈夫的负担，与此同时，她承受着巨大的孤独和痛苦。

夫妻二人看似很体贴，不给对方增加负担，其实都是假象。

在这类婚姻中，根本没有亲密，也没有真实。他们在婚姻里依然延续着童年在家里"争做好孩子"的模式，掩盖自己的弱点，压抑情感，害怕自己的脆弱被看到而被批评、攻击，甚至被抛弃。没有信任，没有脆弱的袒露，爱和亲密是不可能产生的。所以有一句话是，看起来和和睦睦、完全不吵架的夫妻有可能彼此十分陌生，因为他们从来不向对方表达真实的想法，也不敢把自己的需求交给对方。

深度沟通非常重要，如果想脱离貌合神离的关系模式，就需要两个人试探着逐渐打开心扉。高特曼认为，深深地感到被伴侣理解并能理解伴侣，是婚姻幸福的终极法宝。要让伴侣知道自己内心深处的悲伤、黑暗和脆弱非常需要勇气，特别是如果伴侣一方或者双方来自不善于表达的家庭，就越发困难。如何改变沟通模式，尝试进行深度沟通呢？前面已经给出一些沟通练习，请和伴侣尝试一下。如果在沟通的过程中感觉受阻，说出自己的想法都很困难，对方也好像根本接收不到自己的想法，我对此的建议是，沟通就像身上的一块肌肉，越锻炼就越强韧，用起来越顺手。如果自我表达有困难，可以先练习，以日记或者录音的方式表达，或对着朋友表达。如果双方难以理解对方，建议有意识地多进行沟通练习，从简单、轻松的话题开始，感受沟通的质量和存在的问题。

伴侣沟通中常见的问题是，在没理解对方的基础上就忙着说服对方，这使双方根本不在一个层面上沟通。社会心理学家拉波波特（Anatol Rapoport）认为，沟通中信息交换的重要前提是理解。就像双方交换苹果和梨，只有摸清了对方的苹果，告诉对方，你知道这是一个什么样的苹果，你接住了苹果，接下来才能够将梨递给对方，也使对方有看见你的梨的可能。

慢慢来，不要着急。认真进行每一个练习，一定可以感受到进步。

宽恕：可获得的心理力量

在修复关系的过程中，可能会有反反复复的过程，如何理解这种反反复复？

为什么我们一开始原谅了伴侣，但过一阵子又回到仇恨和激烈的情绪之中？其实，这样的反应是正常的。遭遇应激性事件之后，很多人会出现类似创伤后应激障碍的表现，包括过去创伤的闪回、重现痛苦的回忆等。我们大脑中主管情绪的部分，也就是情绪脑，在遭遇危机事件后会留下记忆。如果情绪脑探测到危险，就会激发大量激素来提醒我们，我们会因此产生一些身体症状，如感到恶心和胸闷、心跳加速、喘不过气，等等，这些身体感觉又会进一步影响我们的想法，我们会自然而然地产生厌恶感，身体会希望我们远离这类场景，脑中产生很排斥对方的想法。

情绪脑只会根据情景的相似性作出反应，它是自动运行的，在创伤平复的初期它会非常敏感。我们的意识和理性思考能力通常只有在情绪脑的警报停止之后，才能重新开始工作。这就是为什么你明明觉得自己已经原谅对方了，但有时还是产生剧烈的身体感觉，想要逃离。

我们的情绪脑反应模式可以比作一条高速公路，当我们看到危险的信号，就会如同一辆在这条既定的高速公路上飞速行驶的汽车。要改变这种消极、情绪化的循环，需要开拓一种新的反应模式，如同需要在高速公路边的荒地上开辟一条新路。这就是说，在比较平静的时候，在高速公路式的危险——逃避——下结论的自动化过程之外，探索另一种对事件的解读和对自身状态的觉察。荒地上的新路出现后，在下一次情绪袭来时，我们就多了一种选择。这条新路将我们带向更平和、轻松的生活，使我们成为更有力量、更能够活出理想生活的自己。

走出一条新的路，需要不断地重复、练习和巩固，我们在认知层面需要做一些练习。

首先，实现真正的宽恕是可能的吗？在夫妻治疗的临床数据中，高达 80% 的婚姻关系在遭遇危机事件后都有所修复，甚至比之前的状态更好。真正的宽恕是有可能实现的，现在需要做的是有更多的自信。

危机理论认为，当人们遭遇危机后，可能会有三种结局：第一种，比危机事件发生前的状态差，整个人垮了，认为人生不再有希望；第二种，回到与危机前相似的状态；第三种，心灵得到锤炼和成长，变得更有力量。遭遇危机事件冲击后，我们可以借这个机会培养宽恕的力量。

当然，做到真正的宽恕的确很难。为什么它如此之难？现在可以停下来想一想，在心中回忆一个伤害过自己的人，然后问问自己，为什么我不愿意原谅这个人？也许我们会说，因为这个人曾经深深地伤害我；因为这个人做了很过分的事情；因为……如果我们停下来，观察一下这些表达，我们会发现，这些想法的出发点都是对方，都是"因为这个人做了什么"，这说明我们认为伤害是由对方造成的，所以原谅与否取决于对方怎么做，怎样弥补我们，弥补的行为够不够打动我们。

乍一听这样并没有什么问题，但如果心中的怨恨已经影响我们的生活质量，只是等待对方来弥补，就等于把主动权交给了对方，自己待在被动的位置上去等待。宽恕这么难以实现的原因就在于，人们一边被怨恨折磨，一边等着对方来"赎罪"。我们没有意识到，我们自己也有力量从怨恨中走出来，获得想要的生活。

人非圣贤，孰能无过。每个人都有可能犯错，对待一个犯了错的人，有的人睚眦必报，然而冤冤相报何时了；有的人可以做到退一步海阔天空，既放过别人，也放过自己。所以，当我们从自身出发，就会发现宽恕是一种心灵的力量、一种选择。这种力量和选择让我们变成更强大的人，而不是被动的受害者。

著名作家赫尔曼·黑塞说过："如果你憎恨某人，你必定憎恨他身上属于你自己的某部分，与我们自身无关的部分不会烦扰我们。"这种现象在心理学里叫作投射，我们每个人都会把内心的缺失、不满投射在其他人身上。我们怨恨别人，可能是借此回避自己内心的问题；我们无法原谅别人，可能是因为我们从来没有面对过自己。

因此，巨大伤害也能成为一个契机，让我们有机会觉察自己的问题，有机会看到内心深处，那里有一个一直被忽略、被回避甚至被批评的小孩，我们要去关心、倾听、拥抱这个小孩。经历这一过程，我们不仅仅可以重塑亲密关系，更重要的是，我们内在的力量会涌现出来。

哲学家尼采（Friedrich Nietzsche）说："人必须学会爱自己。通过健全的爱，人才能与自己相处，而无需漂泊流浪。"而学会爱自己，首先是在与父母的关系中学会的。如果我们没有从父母处学到过健全的爱，就需要重新学习，完成这个未满足的情结。再带着学到的新体验进入亲密关系中，开启真正的修复之路。从家庭代际传递的理论来看，我们往往会把自己与父母之间形成的关系模式带到亲密关系中。如果我们与父母的一些冲突没有处理，就会把冲突也带来。我们需要觉察这些关系模式，带着不一样的体验，带着新的感悟和收获，经营和修复自己的亲密关系。

我遇到过一对夫妻，丈夫曾有外遇，但和情人的关系已经结束几年了，妻子却仍然会追问有关情人的事，有时候甚至会津津有味地和丈夫讨论。如果他不回答，妻子就会一直追问；可如果回答了，妻子又开始歇斯底里地发脾气。她希望丈夫把情人形容得面目可憎，完全没有吸引力，这当然是不可能的。所以，听到答案后，妻子感觉更糟糕了。这是一个无法停止的恶性循环。

妻子的不安全感和无止境的要求与其原生家庭有一定关系。童年时期，她的母亲经常外出工作，无视孩子的存在。她内心缺乏安全感，也很矛盾：一方面特别渴望亲人的爱，另一方面又不相信对方会给自己真正的爱；一方面在潜意识中将丈夫推远，另一方面又借此机会表达自己的愤怒和被遗弃的痛苦。她的不安全感一直在告诉她，她没什么价值，随时可能被人遗弃。她的内心自我还是那个缺乏照顾和爱的孩子，她看似在挑起矛盾，其实是在努力向童年时期的母亲诉说自己的痛苦，试图得到更多的爱，得到她应得的对待，但这种努力将人越推越远。

通过对原生家庭的觉察，妻子认识到，自己的行为也在破坏亲密关系。她从不相信丈夫会愿意待在家里好好地爱她、爱孩子，于是放任他，甚至在潜意识中"鼓励"他做一个不负责任的丈夫和父亲。在这个家里，丈夫想来就来，想走就走。

当夫妻二人意识到这些问题，就开始在婚姻中建立新的边界。妻子意识到自己对母亲一直心存愤怒，她在心理咨询师的帮助下发泄情绪，逐步修复自己和母亲的关系。之后她从母亲那里得到了一直没有得到却非常期盼的爱，这也使她在丈夫面前能够更轻松地去爱，去做自己。所以，当妻子不再给丈夫施压，丈夫便不再做一个不管不顾的逃离者，他们的关系好了起来。

当伤害发生，怨恨、怪罪对方是直接且简单的反应，如此人们就不需要面对自己内心的痛苦和未完成的愿望。面对自己，的确需要很多的勇气和一些契机，但我们要意识到，如果不面对自己，就会一直被动地等待事情变好，而内心的缺憾导致的人际关系问题会一直跟随着我们。不妨尝试着与深藏在心中的受伤小孩和解，与父母和解。这条路并不容易，但意义非凡。

如何觉察自己的关系模式与原生家庭的关系？通常我会和来

访者在这个问题上进行好几次讨论，就所谈的内容展开深入分析。下面是一次觉察的练习，如果有条件，最好还是找心理咨询师，做更深入的自我探索。

请你先回答下面几个小问题，即使你之前已经回答过这样的问题也没有关系，每一次思索都可能浮现新的答案。

- 当你还是孩子的时候，你和父母的关系如何？
- 用五个形容词或者短语分别形容童年时期你和母亲、父亲的关系，每个形容词用来描述一件让你有相关体验的事件。再分别根据这五个形容词，描述五件你和伴侣之间有类似体验的事件。看看有什么关联。
- 你认为总体上早年经历如何影响你成年后的性格？你觉得它们在哪些方面阻碍了你的发展？
- 你现在和父母的关系如何？

用一个笔记本，写下这几个小问题的答案，看看在与父母的关系中你有哪些情绪与信念。然后给父母各写一封信，表达自己的感受和想法。写完后大声读出来，再把信烧掉。可以多做几次这样的练习。

试着用父母的语气给自己各写一封信，在这封信中，请写下你希望父母怎样对待童年的你。写完之后大声读出来，再把信烧掉。也可以多做几次练习。

当你通过这些练习，觉察自己与父母的关系模式，学会宽恕父母之后，你才能够真正与父母和解，重建自己的亲密关系，从而才有可能在伴侣身上得到想要的情感。这是一个漫长的过程，但希望每一次你都更接近真实、更有力量的自己。

正如《隐形的翅膀》这首歌中所唱："每一次都在徘徊、孤单中坚强，每一次就算很受伤也不闪泪光，我知道我一直有双隐形的翅膀，带我飞，飞过绝望。"请相信你拥有一双隐形的翅膀，能带你翱翔。

建立新边界

重建关系的第一步，就是建立新的边界。生活中我们常见的合作关系都需要签署契约，比如房屋买卖、商业合作，甚至同住的室友也会在入住前签署一些需要共同遵守的约定。亲密关系是我们生活中很重要的契约关系，虽然没有清晰地用白纸黑字列出来，但对于伴侣，我们有一些约定俗成的期待。例如，双方需要给对方经济上的支持、生活上的照顾，双方需要对对方忠诚、坦诚，双方需要尊重、爱护对方的家人，等等。

我们往往会认为，这些期待是双方不必明说，都会认可的。但很多亲密关系之所以出现问题，就是源于双方没有表明各自的期待并达成一致。这就像没有签订合同就草草开始合作的甲方和乙方，如果不清楚彼此应该履行的义务和责任，这种合作就会非常混乱，极易发生冲突。

前文我曾提到一对夫妻，妻子对丈夫不满，但她未向对方表达自己的期待。她认为，这是对方作为丈夫应该知道的，如果他不履行，就说明他是一个"坏丈夫"。她忽略了这可能是因为她没有维护好自己在婚姻中的权益。后来，在重建关系的时候，她觉察到婚姻中需要设定新的边界、新的规则，而忠诚和坦诚是第一要素。她向丈夫明确表达具体需求，例如，每周要陪伴孩子多少小时，周末要腾出多少时间陪家人，她希望在什么事务上得到他的帮助，等等。将这些期待明白地告诉对方，然后和对方讨论，有一个双方都认可的约定，是亲密关系牢靠的地基。这也是一个防护网，会让两个人都感到更安全。亲密关系是一个契约、一种承诺，需要设立边界，双方共同遵守。

要记得，在约定新的边界和规则的时候，双方是平等的，都可以表达对关系的期待。如果发现自己难以向伴侣提出要求和期待，可以先在纸上列出来，或者和朋友讨论一下，这样会让我们更有底气，表达得更平和。我们有权利在亲密关系中得到满足，也有权利在亲密关系中感到安全和稳定；同时，对方也有权利得到这些，要商量着来。

在关系重建的阶段，还可能存在一个问题，即两个人的感情是不同频的。也就是说，两个人对亲密关系的理解不同，对对方的情感浓度不同，对未来抱有不同程度的期待，这些都可能导致一个人比较热情，而另一个人比较冷淡。虽然随着感情渐渐恢复，情况会逐渐好转，但如果拖延太久，也会阻碍亲密关系的重建。

理想的状态是，将感情调整到相似的温度，就好像爱情刚开始的时候。心理学的研究发现，感情同频的伴侣，大脑中某个相同的部分是激活的，就像脑中同一个地方有一盏小灯在亮着。而关系修复的终极法宝，就是深切地感到被伴侣理解，也深切地理解伴侣。如果两个人彼此信任，非常坦诚和自在，好像鱼儿在水中，就不可能反常地要离开这池水。感情同频，让两个人在心理上变得更亲密，是很重要的。

中国书画大家赵孟𫖯的妻子管道昇写了一首流传至今的《我侬词》，道出婚姻关系中感情同频的意义。当时赵孟𫖯想追随潮流纳妾，妻子知道后写下这首词："尔侬我侬，忒煞情多，情多处，热似火。把一块泥，捻一个尔，塑一个我。将咱两个，一齐打破，用水调和。再捻一个尔，再塑一个我。我泥中有尔，尔泥中有我。我与尔生同一个衾，死同一个椁！"她想说的是，夫妻是一体的，就像泥巴塑成的小人，你中有我，我中有你。管道昇借这首词告诉丈夫自己对婚姻的期待与深情。赵孟𫖯看了《我侬词》之后，再没有提过纳妾之事。

婚姻中的感情同频，简单地说，就是你中有我，我中有你；你深深地理解我，我也深深地理解你；你感到被我深深地理解，我也感到被你深深地理解。最需要做的事就是向伴侣袒露内心深处的悲伤、黑暗和脆弱，并感到这一切都被伴侣了解和接纳。如果能彼此明白对方的脆弱，我们就不再感到孤独，会感到自己被对方需要，感受到自己的价值。这样的亲密关系是无法摧毁的。

在关系重建的初期，可以做些什么让两个人的感情更同频呢？第一，向对方靠近而非远离。现实生活中的浪漫是靠相互走近而渐渐累积的，这种看似平淡的方法其实非常重要。在琐碎的日常生活中，这些星星点点的被伴侣靠近的感觉会让我们感受到，我们是被重视的。比如，一对夫妻逛超市，妻子问："家里的洗衣液用完了吗？"丈夫如果不是冷漠地说不知道或者沉默不语，而是想向对方靠近，就可以说："我不知道。以防万一，我去拿一瓶吧。"再比如，妻子一早告诉丈夫，自己昨晚做了一个噩梦。丈夫虽然急着上班，也不要说"我没时间听"，可以说："我赶时间，不过你现在可以简单说一说，晚上我们再仔细聊聊。"在这些例子中，丈夫和妻子都选择互相靠近，而不是彼此远离。只有彼此靠近，才能连接感情，增进浪漫，从而迸发激情，拥有美妙的生活。

很多人以为与伴侣保持连接需要送昂贵的礼物，或者安排一次奢侈、浪漫的旅行，其实这些未必管用，真正的秘诀是在每天的琐事中靠近伴侣。

婚姻研究也发现，亲密关系中双方为彼此做的所有积极的事情，幸福的伴侣都能注意到，而不幸福的伴侣能注意到对方举动的还不到50％。他们不留心自己的伴侣。所以，在一方努力向另一方靠近的过程中，另一方也要关注伴侣的尝试，积极给出反馈。

在没有养成习惯或者觉得向对方靠近很吃力时，可以各自准备一个笔记本，每天记录向伴侣靠近的事情。一天中向伴侣靠近一次，就打一个钩，这样可以把感情储蓄变成真切可见的数字。也可以在一天结束后，和对方核对自己的记录，这种交流既可以增加对对方的积极感受，也可以觉察自己有多关注伴侣的付出。

第二，发现、表达对彼此的欣赏和赞美。两个人各自从小到大形成的爱情地图，是爱情资源之一。另一个更重要的爱情资源是各自早年的回忆。在做婚姻咨询的时候，在关系重建阶段，咨询师常常会邀请双方在回忆中寻找对方闪光的时刻，这种练习可以发掘亲密关系中隐藏着的希望，唤醒创伤下两个人留存的认可和爱。创伤刚出现的时候，人们容易觉得一切都改变了，一切都被摧毁了。但在当初爱上对方的时刻，彼此看见的对方的好其实都还在。这种好是不会带走的，它是一种基础层面的互相契合和欣赏。

在电影《夏洛特烦恼》中，夏洛很嫌弃现在的妻子马冬梅，但当时光机带他穿梭回过去，他以为自己会争取到更美丽的班花做妻子的时候，他发现自己还是爱上了马冬梅。事实上，只有很少的人在结成夫妇时是心不甘情不愿的，大部分婚姻的缔结都建立在比较深的互相认可、互相契合的基础上。

在感情同频的幸福婚姻中，对对方怀有喜爱和赞美的心情并表达出来，是非常重要的。欣赏和赞美对方需要真诚和发自内心，不是仅仅停留在口头上的仪式。当然，在创伤出现后，重新唤醒对对方的认可和喜爱不是一件简单的事情。但如果有意识地寻找，哪怕是仅仅回忆过去的美好时光，也能够挖掘出长期埋藏的积极情感。

用赞美和欣赏促进感情的同频有两个步骤，第一个步骤是发掘自己和对方心中对彼此的积极记忆，第二个步骤是培养自己向对方表达欣赏和赞美的习惯。

为了发掘积极的记忆，可以一起去做曾经做过的一些事，例如去恋爱时经常去的餐厅，经常去的约会地点，送一些恋爱的时候送过对方的礼物，等等。也可以一起回忆过去的日子，做一些积极的讨论，例如：

- 我们是如何相遇并走到一起的？伴侣身上有什么特别之处？
- 我们对彼此的第一印象是什么样的？
- 我们是怎么决定结婚的？
- 茫茫人海中是什么让我们决定，对方就是想要携手共度人生的人？
- 还记得我们的婚礼吗？互相谈谈各自对婚礼的印象。
- 回首婚姻中真正幸福的时刻——作为一对夫妻，哪些时光让我们感到幸福？这些年是否发生了变化？

唤醒自己对对方的欣赏之后，就要更留心过去曾经喜欢的对方闪光的特质，在现在的生活中是否存在。例如，过去喜欢他是因为他很照顾你，知道在下雨前帮你带上伞，现在你也可能发现，他在出差前会在你的箱子里塞进常用药物，告诉你要注意天气变化，等等。

另一方也需要表达对伴侣的欣赏和肯定。如果不说出来，伴侣就接收不到，不要期待伴侣会读心术。如果感到直接表达很别扭，可以用发信息的方式，告诉伴侣你的感激，或者多送伴侣小礼物，附上小卡片，简单写几句话。伴侣一开始会感到很意外，但很快就会对这种小改变产生非常积极的反应。

高质量的爱不会从半空中突然掉下来，它需要我们的耐心、对伴侣的好奇心、向伴侣走近的努力和宽容。我们逐步练习时，会发现，其实已经有源源不断的爱从心中涌出来。这样的努力是非常有意义的。

重建亲密感

重建关系的最后一步，是从身体到心灵都可以重建亲密关系。性爱是亲密关系中一种健康的相互依赖，它可以满足双方对亲密感的诉求。但性爱是创伤发生后人们最难面对的问题。一方往往不想再和另一方有肉体的亲密，他们背负了太多恐惧、愤怒和伤害。身体不会说谎，亲密关系中真正的和解是在卧室中出现的——性生活的质量是感情质量的重要标准。如果不能享受性爱的愉悦，就不算真正修复了亲密关系。

两个人都选择互相靠近，而不是彼此远离，才能增进浪漫，从而迸发激情，拥有美妙的性生活。性生活又会进一步增进两个人的感情，进入积极的感情循环。激情的定义是，伴侣间产生的一种有活力的、相互渴望的感觉，包括欲望、好奇和性吸引等。一般来说，婚姻中性生活出现问题，意味着彼此的感情也出现了问题。只有亲密无间，才会拥有充满激情的性生活。

情感创伤出现后，亲密关系中的欣赏、在乎和珍惜的信念似乎被动摇了，这会极大地影响伴侣间的亲密感，从而影响两个人的性生活。我曾经一而再，再而三地听到来访者痛苦的独白，只要一想到和伴侣发生性关系，他们就心生抗拒，甚至有生理上的厌恶和不安全感。这实际上是自我防御机制在告诉我们，不要信任这个人，我们会再度受伤害。就像汽车发生故障时，会一直闪红灯、鸣笛，只有解决了问题才能正常驾驶。交谈、理解、新的信任的尝试，是重建安全感的方法。

有一对夫妻在婚姻治疗中说他们的性生活不顺利，妻子感到自己的身体很僵硬，甚至认为自己得了"阴道痉挛"这种疾病，没办法完成性生活。他们无法重新拥有美好的性生活，不是因为他们失去了爱或者对对方的渴望和吸引力，而是因为他们忘记了如何在对方面前放松。创伤事件让他们心生对对方的消极感受，或者有一些源于自身的焦虑和恐惧。我引导妻子以"我害怕……"造句，表达内心的情绪。她说出，自己内心有很强烈的恐惧，担心自己状态不好，没有快速恢复到之前的状态，会让丈夫失望。所以，她每次都非常紧张，害怕自己表现不好，而丈夫也袒露长久以来的担忧。在表达内心深处的恐惧和担心后，性生活质量自然而然地提升了。

如何做到性和解？首先，心灵的亲密感是肢体亲密感的基础，好的性生活的前提一定是双方心理上的靠近。其次，性生活需要在放松的状态下进行，我们需要对伴侣有一定的信任，在对方面前袒露自己的脆弱。最后，我们要对自己的负面情绪有所觉察，这里指与性生活相关的焦虑、害怕或者愤怒等，然后和对方交流这些感受。

如何建立肢体上的亲密感和信任感呢？可以尝试下面这个放松练习。可以共同躺在床上，放一些舒缓的音乐，一起想象你们正泛舟于蔚蓝的海面上，小舟在温柔的海浪中起伏。你们躺在小舟里，闭上双眼，感受被海浪轻轻推送的舒适感。接着可以开始缓慢、小心翼翼地触碰。把节奏放缓一些，这些接触不具有性意味，而是一种好奇的探索。想象你们是两只小蚂蚁，在用触角和对方沟通，对对方的触碰就是友好沟通的一种语言。可以一直闭着眼睛，循序渐进，先从更有安全感、比较远的肢体接触开始，从摩挲指尖到对方的手指，再到手掌、胳膊，感受对方的体温、皮肤的触感。也可以轻柔地抚摸对方的头发、眼睛、眉毛，或者抚摸后背，从背后抱住。

两个人不需要说话，动作要轻柔、和缓，观察对方的反应。这个练习一开始也许无法坚持很久，可以设一个20分钟或30分钟的时长。练习期间，两个人约定不能中途退出。在这样的接触中，先不需要有性的唤起，这个练习的目标是一种肢体上的连接的尝试，重建信任和身体的熟悉感。无性意味的接触对于增加女性的亲密感尤为重要，让女性可以慢慢尝试接受身体接触。对于男性，身体上的爱抚也是比语言更直观的表达。

还有一点很关键：两个人需要在性生活问题上有更好的交流和沟通，将自己的想法和情绪告诉对方。如果可以分享快乐、恐惧、沮丧、悲伤，甚至分享愤怒，就意味着两个人可以分享最深层的感受和体验，以及共享深深的安全感和信任感。情感的亲密是亲密关系最牢固的纽带。

爱情与欲望的关系如此密切，可是伴侣们难以启齿，无法谈论性爱的愉悦，这是文化的产物。我们可以区别性爱和婚姻，就好像建立长期恋爱关系和提升性生活质量是毫不相关的两回事。性爱的真正难处在于需要双方交流。如果双方不能自在地谈论性欲，就可能无法满足彼此的需要。

有婚姻研究指出，伴侣的幸福度与能否对性生活的质量展开开放、坦诚的讨论密切相关。有研究指出，能和丈夫分享性爱感受的女性，其对性爱感到满意的可能性是其他女性的五倍。男性和女性在性行为中得到快感的方式也有所不同。女性从性爱中体验到的快感大多来自两个人的亲密接触和爱抚，而不一定来自性高潮本身。吵架之后，男女对待性的态度也有差异。男性会将性视为一种和解的方式，但女性一定要在问题解决之后，才愿意和男性有亲密的接触。由于男女存在这样的差异，沟通就显得非常重要。

可以像上文例子中的妻子一样，先探索自己的情绪，以"我害怕……""我担心……"为开头造句，这种方法往往能引导我们说出内心真实的感受。一对伴侣也需要将性生活当作一个重要议题来讨论，聊聊两个人认为性生活中自己喜欢什么部分，有什么部分希望可以提升。很多时候，身体的问题往往是内心问题的外现。

我曾遇到一对夫妻，他们的婚姻治疗工作推进得十分艰难，经过一步步分析，妻子终于说出自己三岁时失去父亲的悲痛，更不幸的是，她的母亲是一位聋哑人，无法与其他人沟通。所以，妻子从小从父母那里接收到的爱很少，对于用肢体语言表达爱的方式也非常陌生。我要求这对夫妻做拥抱对方的练习，刚开始的时候这很困难，两人都很僵硬，很不自然。我要求他们每周坚持做两次，他们要静静地拥抱对方，不做任何其他动作，只是和对方待在一起，延续两分钟。在他们逐渐习惯之后，将频率增至每天两次。

我们在童年时非常需要与父母建立情感与肢体方面的亲密感。对于这对夫妻，妻子的内心其实特别渴望亲密关系中男性的关心。我引导妻子向丈夫表达这种对爱和保护的渴望，于是丈夫练习像父亲一样把她抱坐在腿上，安慰她，赞美她，并且告诉她，"我爱你，你是独一无二的"。刚开始的时候，丈夫看起来既疏远又含蓄，常常错误地把妻子的创伤反应识别为她对自己的排斥。在一次次拥抱练习中，他们开始有了亲密感，丈夫也从这种练习中领悟到表现内在渴望的方式。之后，他们第一次感受到对彼此的渴望和身体的亲密。

关于离开

让感情不留遗憾地完结

虽然俗话说，"百年修得同船渡，千年修得共枕眠"，一段婚姻得来不易，但人生中最重要的人永远是我们自己。一段感情的结束不代表人生的结束，它也可以是一个改变自我、开启全新人生的契机。

如何让感情不留遗憾地好好完结？首先，我们需要明确，分开这个决定对自己来说有多清晰和坚定？我们如何判断自己应该分手？

我遇到过许多夫妻，一时冲动决定离婚，后来又后悔当初作决定时太草率。如果是情绪化分手，是很不可取的，也伤害感情。但还有一些夫妻，一直想不清楚自己应不应该离婚，两人的感情都到头了，其中一方或者双方还活在怨恨中，怎么都不愿意分开，最后给自己、对方和孩子都带来心理和身体的问题，过得十分痛苦。为了避免这样的情况，我们要在决定分手前想清楚，对感情和生活现状作出比较理智的判断。当修复感情已经不可能，及时止损，离开糟糕的婚姻，也是很有必要的。

当然，婚姻中有很多现实考量，但它的确也是投入很多感情的关系。理智决定往往说起来轻松，实践时却很难。在从事婚姻治疗时，我经常发现，人们的头脑和感情有时候互相矛盾。有些道理即使在认知上明白了，在行为上还是会跟随情感，即使这样做会让他们更痛苦、更纠结。在关系中进进出出、纠缠不清，是很常见的，因为情感无法被压抑。但前提是，我们需要在认知层面知道这段关系有什么问题，如果继续的话，需要承担什么后果。如果在脑海中清楚知道这些，无论是作了分手的决定，还是在分手后后悔，或者在对方挽回时感到纠结，都会有比较清晰的方向感和控制感，分手后的动荡和混乱也较少影响自身的状态。

分手这一决定既来自自身的意愿，也来自关系的状态。其中有一些导致感情终结的误区。

第一个误区是，分手的决定源于错误的信念。

很多人在现在的亲密关系里感到痛苦时，会有一种"那山比这山高"的感受，认为之后任何一段亲密关系都比现在的这段好。只要尽快开始下一段关系，就会更幸福。还有人认为，这段关系出了问题，就像一台坏了的电视机，摆在家里让人看着就心烦，索性扔了它，让生活简单一点。但亲密关系不是一件物品，一段关系的破裂意味着生活的大改变，这也会带来许多的不适应和孤独，需要面对更多的空虚、寂寞。

第二个误区是，没有足够努力地修复关系，就轻易放弃。

离婚就像一道分水岭。很多夫妇最开始因为对对方的厌烦和憎恶而分开，之后重新想起对方好的地方，想起这段感情的意义，后悔当时为什么没有多作一些努力。

如果决定离婚，请一定等到双方都作出修复关系的努力之后。努力修补关系后，一些人会发现，婚姻中自己经历的痛苦和忍耐并不像想象中那样消极和持久。决裂应该被视为最后的手段，而不是一条轻松的逃生之路。很多夫妻之所以放弃婚姻，是因为一些其实可以被澄清的误解，一些可以被弥补的伤害，如自尊心受伤，对对方有内疚、羞耻、愤怒等消极情绪。他们往往对痛苦太敏感，也太绝望，认为离开关系就是脱离痛苦的最好途径。但对这些人而言，离婚表面上看似乎是一个解决问题的方法，实际上却会加深他们的痛苦。

离婚不仅是对一段关系下了最后通牒，它还颠覆了原有的较稳定的生活，两个人都需要适应很多变化，承担更多的责任。不仅生活品质可能下降，而且需要在处理这些变化时独自承担被伤害的痛苦、关系失败的沮丧。关系的结束也未必能解决两个人在亲密关系中遇到的种种问题，一些根深蒂固的问题会跟随着两个人，从一段关系到另一段关系。

理智的分手决定是什么样的？我们之前提过作决定的一些判断标准，如自己的感受、感情的状态以及对方的状态，还有对方是否已经触及关系的底线。在深思熟虑以及尝试修复关系之后，仍然没有办法处理关系中的问题，或许离婚就是唯一的解决之道。无论如何，还是可以在作决定前寻求专业人士的帮助，好清楚地知道在下一段关系中要怎么避免此类问题，这是为了之后的幸福。

什么样的分手方式比较妥帖？如果一段关系结束时，两个人能够相互尊重，也能理解它为什么会结束，一般来说就能和平分手，还可以从中学到很多。我建议决定离开的一方当面将分手的想法简洁地告诉伴侣。可以从自己的感受出发，以"我"开头说出自己的决定，不要陷入"谁应该承担责任"的拉锯战。同时，也需要和对方设定分手后的边界。

一般来说，分手后双方都需要一定的隔离期，给彼此空间来适应生活的变化。第一件事常常就是找房子分开住，在情感上也需要有所改变，继续保持之前的联系频率是不可取的。只因必要事务联络对方，这样对双方都比较好，不然很容易再次混淆角色。如果有孩子，双方的接触当然会多一些，但也要注意角色的变化——此时不再是伴侣了，而是合作抚养孩子的队友。虽然两个人仍然有共同承担的责任和合作关系，但性质已经变化。

分手是生命中的大事件，在作决定之前，要尽可能寻找所有可能性。不要在分手后才发现自己停留在原地，然后伤感地说，如果当时如何如何，或许结果不一样。

正如选择修复关系的伴侣彼此宽恕一样，对于必须分手的人，宽恕同样是很重要的事。分手的真正影响在决裂前就出现了，还会持续很长一段时间。彻底结束一段关系的时长取决于这段关系维持了多久。研究发现，分开后双方经历的压力和痛苦，与他们在感情中的投入成正比。在感情中投入越多的人，越难承受分手，对此要有预期。

心理学研究发现，分手的痛苦不亚于一个重要亲人的死亡所带来的痛苦。对于一个成年人，一段感情的破裂是一个非常大的压力事件。一般来说，人们会经历三个阶段。在第一个阶段，人们常常会用否认这种心理防御机制来保护自己，不让自己意识到痛苦的事实。刚刚分手的时候，有的人难以相信自己真的这么做了，会压抑自己的情绪，努力说服自己"这一切不是真的"；有的人会沉浸在白日梦中，幻想着离去的伴侣会回到自己身边；有的人会想象复合的甜蜜，仿佛分手不曾发生过，两个人又回到之前美好的时光，一切重新开始。这些期盼一切能够恢复原状的心理是人之常情，很多人或多或少会用这种想法来逃避现实中难以承受的痛苦。

在第二个阶段，人们会进入混乱期，一方面感到非常绝望、焦虑、抑郁，另一方面又感受到新生活已到来，会给自己一些希望感。这个阶段也是情绪最混乱、最需要帮助的时期。除了悲伤、愤怒和丧失感以外，还可能出现很深的自责。人们可能会埋怨自己，"要是当初我能控制住自己的脾气，他就不会离开了""要是我肯多花点时间，留意她的需要，就好了"。这种"如果当时我能做得更好，一切就会好"的想法，是自我责备的典型表现。自我责备对心理健康有害，会使得人自怨自艾，陷入自卑甚至自我厌恶，更难走出失败感。

情绪逐渐稳定，在认知上也接受"分手对双方来说都是最好选择"这个事实后，就会进入第三个阶段，即重建生活。两个人开始更多地考虑现实，开始计划没有对方的生活，也开始认识新的潜在伴侣。在这个阶段，双方会感受到解脱、力量感、舒适感以及喜悦和自由。

这不是一个容易的过程，但一定可以走出来。更容易走出来的前提就是，能够处理好分手在情绪和认知上带来的混乱和伤害。如果不整理好这些感受，就会长期沉溺于幻想和自责中，不能接受眼前的事实，形成一种病态。如果双方都没有处理好上一段感情留下的愤怒、哀怨、希望等情绪，可能会继续纠缠，无法真正地分开。

为了整理上一段感情带来的负面情绪和认知混乱，需要完成几个任务。

第一个任务，化解不公平感带来的愤怒。对于关系的失败，双方都会有一些愤怒，比较典型的就是"被辜负了"的感受。很多人认为自己是关系中过度付出的那一方，而对方浪费了自己的付出。在关系结束的时候，要处理好这种不公平的感受，否则可能陷入报复和等待被补偿的漩涡。感情中没有公平，如果等待对方补偿自己，只是让关系拖得更久，伤害自己更多。如何化解呢？可以拿出纸和笔，给伴侣写一封信，但不要寄出去。写下在这段关系中自己所有的需求和期待，以及伴侣是如何令你失望，以及你自己又如何令自己失望。在信中用所有你能想到的激烈的言辞，表达你的愤怒。写完之后，可以对着想象中的伴侣大声朗读这封信，然后把这封信以你希望的方式毁掉。

第二个任务，客观地回望自己的故事。以第三人称描述自己的这段感情。将自己当作一个故事中的主角，讲述自己如何进入亲密关系，如何努力，得到了什么，又失去了什么。写多少字由自己决定。这个练习会让两个人对自身情感故事构建不一样的视角，更理解自己的选择，也更接纳目前的状态。

第三个任务，探寻故事中积极的一面。再读一遍以第三人称写下的自己的故事，用红笔标出其中积极、正面的部分。这会帮助我们重新认识、珍惜并重视关系中正面的部分，给内心腾出空间。愤怒和憎恨会让人失去理智，感恩和平和让人更有智慧。当看到过去感情中美好的部分，就有机会哀悼关系中的失去。

第四个任务，承担自己的责任。这一次，在读自己的故事的时候，用蓝色的笔画出自己需要承担责任的部分。只有敢于承担责任和过失，才能以成熟的姿态完成这次分离。也只有真正承担了责任，这次分离才可能使我们成为一个更好的人，在下一段关系中避免这段关系出现的问题。

第五个任务，在故事的最后写一段总结。如这段关系让我们了解了自己的什么特质，学习到了什么；对于人生的下一个阶段，是否更明确自己需要什么，怎样才能拥有更自在的生活。

这样的书写可以帮助我们有一个比较好的完结，也可以建议伴侣做这样的练习。如果是比较和平地分手的，还可以互相表达在练习中感受到的感激、遗憾，以及关于自身问题的觉察。这样的表达会提高自尊感，减少感情破裂带来的冲突感和断裂感。如果无法做到，可以和朋友分享自己的心路历程，让认知和情感更同频。

适应单身生活

分手意味着从两个人的状态重新变成一个人的状态。一开始可能会很不适应，接着会进入一段情绪低落期，产生各种各样的复杂情绪，比如感到绝望，对以后的生活失去信心，为已经完结的感情而悲伤，为自己孤独的状态而难过，等等。这些都是非常自然的。刚经历了一段感情的意外变化，从两个人的对峙、自己的挣扎，到终于下定决心要分开，就好像生了一场大病，动了一个大手术，接下来的过渡期就是身体和心灵缓慢恢复的过程。

虽然是恢复状态的必经过程，但这个过程并不好受。就像手术后的恢复期，伤口会时不时发炎，疼痛会时不时变得难以忍受，孤独、抑郁和脆弱的感觉也如影随形。所以，在这个阶段，我们需要自我调适和他人的帮助。有一些方法可以让我们更平稳地调整自己的状态，尽快开启人生中的新篇章，让生活重新明媚起来。

我们来谈谈分手后可能经历哪些感受。我们几乎无法避免地会迎来许多消极感受，其中最明显的几种是，感到被抛弃而产生的悲伤、难过和孤独感，对未来生活的恐惧感，自我的低价值感。在一段时间之后，当对感情和前任有比较客观的认知之后，会产生一种很深的失落感和丧失感。接下来，我们一一谈谈这些感受。

首先，会有被抛弃的悲伤、难过和孤独感。在家庭系统治疗里有一句话，"坏的关系比没有关系好"。这并不是说，即使坏的关系已经让我们很痛苦了，我们还是应该尽量维持。这句话的意思是，即使是坏的关系，它也满足了我们的一些很重要的需求。我们每个人都有被照顾、被接受、被理解、被支持的基本需求，而我们习惯于将这些重要的需求交给最亲密的依恋对象。现在依恋关系失去了，它可能的确是一段非常不好的关系，在其中我们感受到的痛苦比快乐多，所以我们决定离开它，放弃它，但它的确曾经承担了一些很重要的功能，所以我们会感到难过、悲伤和孤独，这是正常的。

很多人在安慰朋友的时候会说："那个渣男，他都对你那么坏了，你还伤心什么？他不值得你伤心！"这对朋友来说不是一种安慰，因为即使是一个渣男，也曾经是朋友的伴侣，也曾经承载了朋友重要的需求，而现在朋友失去了这个人。所以，无论关系好坏，对方值不值得我们伤心，是我们还是对方提出分手，依恋对象的远离对我们来说都重演了小时候被抛弃的感受，感到悲伤、难过和孤独都是很自然的反应，要接纳这一切。

童年时情感需求没有获得满足，如童年时没有得到足够的关爱，在丧失亲密关系时，悲伤和失去感就会格外强烈。如果是被分手的一方，常会有强烈的被抛弃感，重新体会童年时不被重视的感受。如果和父母、亲人、朋友的关系本来就不紧密，孤寂感就会袭来。即便是主动选择分手的一方，也会有丧失感。

其次，可能会产生对未来生活的恐惧以及自我的低价值感。对于自我价值感低和感情依赖的人，亲密关系的丧失会造成极大的痛苦。自我价值感低的人，会倾向于将"我很好"的感受投射到伴侣身上，例如，我的伴侣长得很帅、个子很高或者收入稳定，

"很有价值"，所以我们在一起的时候，我的价值也不会太低；或者会通过贬低伴侣平衡自身的价值感，例如，"你看看你多差，我就比你做得好"，借此产生安全和良好的自我价值。所以，无论外在的表现是非常在意伴侣的优势，非常仰慕伴侣，还是一直贬低、嫌弃伴侣，其实都是在感情上很依赖对方的表现。这样的人一旦离开关系，就会像失衡了的天平，其自我价值感会剧烈摇摆，很可能会跌回"我真的很糟糕""我没有价值"的低谷。

也就是说，感情中的分离其实暴露了我们性格中一些根深蒂固的问题，一些原生家庭带给我们的问题，最典型的就是低价值感和恐惧的感受。低价值感会让我们感觉自己很糟糕，进而产生"我从此以后会孤独终老"的恐惧。如果再也找不到下一段感情了，该怎么办？即便是最坚强的人，结束亲密关系后有时也会被孤寂感淹没。这个时候有人会感觉到，在亲密关系中，虽然两个人有那么多的痛苦和冲突，但至少屋子里有个人相伴，下班回来家里不会空荡荡的，有人能一起吃饭、说话，甚至吵架，心理上不会觉得孤单、不安。现在虽然得到了自由和解脱，却要付出面对孤寂的代价。人大都有依赖性，在尝过有人相伴的滋味后，一下子变成独居，心理上往往难以适应。有的人怕回去面对空荡荡的房间，便努力加班，变成工作狂，不得已时才回家。

最后，会经历极大的丧失感，可能会感到懊悔、自责。生命中有各种各样的丧失，分手或离婚都意味着一段感情的结束，是一种极大的丧失。一个我们本来认为和自己最亲近的人，最终离我们而去。我们也同时失去完整的家，失去丈夫或妻子的角色，失去两个人过去一直编织的美梦——建立温馨的家园，共享甜蜜的人生。强烈的丧失感会让人感到空虚，这种感受和抑郁很像，好像生活里的事情都失去意义。它也会影响我们的身体，可能会失眠、睡眠质量差、浑身无力、没有食欲，有时经常一个人发呆和不自觉地叹息，注意力很难集中，情绪变化快且容易出现极端情绪，甚至感觉麻木，身体僵硬。

在失去亲密关系的哀痛中，有这些反应是很正常的。处在伤痛中的人必须学习疏导自己的情绪，处理自己的创伤。如果不控制伤痛，就会被伤痛控制。长期沉溺在悲伤、丧失感、后悔等情绪中，短期的应激反应可能会恶化为心理疾病。

一般来说，负面情绪会随着时间淡去，但如果过分压抑，回避自己的伤痛和各种不良情绪，就会加重痛苦的程度和延长痛苦的时间。除了会造成心理上的问题，如抑郁症，也会导致头痛、胃病、早衰等身心疾病。因此，我们需要学习和了解一些方法，帮助自己尽快从这些有毒、有害的状态中走出来。

对自我价值的怀疑、丧失自信心，乃至自我责备，都是遭遇重大丧失后出现的创伤后应激反应，以及童年创伤的再次发作，我们可以学习怎样从新伤中看到过去的旧伤，把疗愈伤口作为自己破茧成蝶的契机，把危机转化为新生的机遇。

如何适应这些负面影响，甚至在这种状态中实现自我的成长和突破？

第一，我们既需要独处的时间来消化伤痛，也需要与人保持接触。研究发现，与其他人增加互动，获得充分的社会支持，建立新的人际关系，可以帮助一个人从低落状态中尽快走出来。从真正关心自己的朋友、家人那里得到的支持，可以依靠、倾诉的人和得到的关心，就像一张张细密、厚实的网，会更好地接住失控的感受，使我们感受到安全、温暖，建立更坚实的自信与自尊。

当然，随着恢复单身，生活和社交圈会经历比较大的变化，几乎无可避免地会失去一些朋友，所以要有意识地寻找资源，重新建立自己的支持系统。也就是说，确保在难过的时候，有足够关心我们的人能够让我们求助，他们会为我们的生活增添色彩和活力。千万不要因为痛苦而自我封闭，缩进阴暗的角落，不跟任何人来往。

在上一段糟糕的关系中，也许前任给了我们一些低价值的暗示，让我们以偏概全，产生"我很不好"或"我不可爱"的自我观念，这个时候必须多接触支持自己的人，周围朋友的了解和鼓励常常带来良好的自我感受，让我们意识到自己还是很有价值的。

与外界隔绝，完全不与人来往，是不可取的；但整天紧抓着朋友，反复诉苦，也是另一种要避免的极端行为。一直渴望陪伴，把自己放在热闹的人群中和与人接连的活动中，是逃避现实、逃避自我的表现，反而妨碍适应进程。除了与人保持接触，还应该给自己一些独处的时间，让自己有沉思和面对问题的机会。

第二，适度表达情绪。表达情绪能加速心理创伤的愈合。压抑情绪，表面上装得毫不在乎，不但可能延长痛苦，也会形成新的心理问题。人们常常以为，只要看起来没事，就可以否认问题的严重性，时间长了都会好的。但压抑情绪会让人的外在和内心产生较大的冲突，非常影响心理状态。

创口愈合的前提是，人们感受到疼痛，注意到伤口，然后对伤口进行某种处理。如果人们痛苦的感受器坏了，或者一直否认痛苦，伤口就无法愈合，会一直恶化甚至溃烂。

看见自己的痛苦，流露和表达出来，它才不会控制我们；未表达的情绪会以其他方式操纵我们。可以选择每天在某个时间段专门表达痛苦。比如，设定 20—30 分钟，在这段时间里让自己尽情地哭，痛快地写，专门想痛苦的往事，甚至可以故意夸大事实，让自己尽情伤心，但要注意把这种发泄限定在这个时间段。

第三，保持规律的生活节奏。情绪和身体密切相关。当情绪出了问题，身体也会跟着失调。当身体保持良好的状态，情绪也会相应调动起来。情绪和身体，就像火车和铁轨的关系。

在关系结束后，很多人变得睡眠混乱，胃口很差，开始不按时吃饭。要有意识地让自己的作息保持正常，生活尽量有规律，这会使情绪回到稳定的状态。

如果有工作，请保持固定的作息和上班时间，工作本身可以稳定自尊心，增加价值感，提供生活的规律和秩序感。工作，会迫使我们每天在一定时间起床，让生活平稳前进。工作也迫使我们与外界接触，精神不至于完全集中在自己身上。工作会获得收入，可以减轻经济上的压力。

如果没有工作，也需要制定一个规律的生活作息表。按时吃饭，按时睡觉，固定时间去锻炼，和外界保持接触，吃健康的食物，也可以到自然中走一走。我们会发现，当身体舒服了，心情也会轻松许多。

感情结束后，需要重新适应独立的生活。一个人如果无法和自己和平相处，就无法真正享受和他人作伴的快乐。我们也许会担心这种看似没有终结的孤单状态，但请镇定下来，拿出勇气和耐心，治愈自己，让自己成长，这是人生中非常宝贵的一个阶段，它会让我们更理解自己的存在。决定我们是否会感到孤单的因素并不是周围是否有人陪伴，而是我们能否把自己的生命力投注在有意义的事情上。当我们可以把注意力投注到自己之外的一些有意义的事情上，愿意为之付出，一个人生活也能非常精彩。此外，可以培养有益身心的兴趣，发挥创造力，不断追求进步，建立崭新而健全的自我观念，使自己的生活充满活力和乐趣。美国的畅销书作家露易丝·海（Louise L. Hay）写过《生命的重建》一书，用自己的人生经历展现了如何把生命放在有意义的事情上，活出自己的精彩人生。如果有兴趣，可以读一读这本书。

如何吸引真正对的人？

失去一段感情是非常令人遗憾和难过的，但如果这段感情已经无可挽救，结束这段关系反而是新生活的好开端。接下来，我们来讨论怎样调整好自己的状态，迎接新的感情的到来，吸引对的人，为经营好下一段感情作准备。

首先来谈一谈，如何做一个快乐的单身人士。

从混乱的情绪状态中走出来后，为了经营下一段感情，需要先调整自己的状态。自己可以过快乐的单身生活，才可能更好地经营亲密关系。

美满的亲密关系是两个独立而自在的人相遇，把快乐加倍的过程。正如舒婷所写的《致橡树》："我必须是你近旁的一株木棉，作为树的形象和你站在一起。根，紧握在地下，叶，相触在云里。……我们分担寒潮、风雷、霹雳；我们共享雾霭、流岚、虹霓。"也就是说，亲密关系中的两个人各自是成熟、独立的个体，可以自给自足地生存，两人之间有适当的距离，同时相互信任，互相支持。美满关系的前提是，先成为独立、快乐、能自给自足的人。

分手后，我们可能感到难以再次信任别人。可以先从修复内心力量开始，通过建立友情去重建人际之间的信任感和亲密感。重要的是，也许我们会第一次领悟到自己不需要任何人也可以开心起来，这将成为重要的内心支撑和力量源泉。

与自己的孤独同在，这并不容易。很多人终身都在逃离独自一人的感觉，但如果我们并不排斥它，而是接受它，接受自己目前的生活状态，充实而自在的感觉会像泉水一样从内心漫出来。有的人在分手后心里非常恐慌，害怕自己再也得不到爱了，感觉自己无法独立生存，这常常是因为心灵空虚，自我价值感飘忽不定。他们不间断地参加许许多多的社交活动，甚至随意开启许多段没有结果的亲密关系。把精力投注在吸引他人、得到爱上，是一件很危险的事情，这意味着将主动权交给了外界。当我们不断说"给我更多的爱吧"，当这种渴望过于强烈，就容易开启不健康的甚至是虐待性的关系。

不要将自己的需求交给别人，试着在内心寻找资源来满足它。有一句哲言很有道理："生活给了你所需要的一切，只要你留心去找。"

事实上，如果我们可以有自己喜欢的事情，对感兴趣的事情乐在其中，真正实现个人层面的充盈和独立，就会焕发光彩，吸引和我们一样独立而快乐的人，拥有一段更令人满意的感情。家庭治疗中有一个理论认为，我们在寻找配偶的时候，会无意识地被和我们自己的心灵成熟度相似的人吸引，同时也会吸引这样的人。做到最好的自己，就可以吸引足够好的另一半。培养越多的兴趣，就越有机会接触到各种有趣的人，发展健全的人际关系。毫无疑问，一个心理健全的单身者，会比一个心里惶恐、匮乏又以自我需求为中心的单身者，更能拥有美满的感情。

还要警惕在这段时间快速投入感情。事实上，我建议在调整好自己的状态之前，不要太快开始下一段感情。很多时候人们会在人生的低谷阶段遇到"拯救者"——一个像英雄或者圣母一样的角色。人们会讲述自己如何因为失恋或失业而倍感失落，浑身伤痕，这个时候拯救者的到来就像一道光，用爱挽救了一切。但有时拯救者并不是被某个人吸引，而是被某个人的痛苦吸引，这并不是一段健康、平等的关系的开端。对方成为拯救者并不是因为他很强大，恰恰相反，而是因为他内心虚弱，才需要帮助一个非常痛苦、弱小的人以感受到自己的强大。如果我们渴望一段真正美满、亲密、平等的感情，请调整自己的状态，吸引同样独立、充实、快乐的人成为伴侣。

如果很难或者没有办法独自从分手的阴影中走出来，可以寻求专业的心理辅导者帮助度过人生中这段阴郁的时光。得到专业辅导常常能加速康复的时间。心理困扰越早解决越好，拖的时间长了，治疗起来就会比较困难。

其次，我们谈谈有什么有效途径可以尽快认识新朋友，扩大社交圈子，进而认识潜在的理想伴侣。

朋友确实很重要，尤其是分手之后，友谊会成为我们非常重要的后盾。研究发现，离婚后人们的社会支持网络的质量，也就是关心我们的朋友和亲人的支持及其质量，是帮助我们度过这段黑暗时期的最重要的因素。很多人在走入亲密关系或结婚后，将精力全部投注在伴侣身上，忽视了维系朋友关系，就很容易在分手后发现自己非常孤独，身边没有人支持。

曾经有一项研究发现，离婚后社交或者团体活动参与度高的人，感受到的压力和痛苦要低于不太参与社交活动的人。可以看出来，参与社交活动是有利于恢复状态的。分手后的女性一般擅长在生活方面照顾自己，但在经济独立和子女的教养上，有时难以平衡自己的时间和精力。这个时候多交朋友不仅可以满足自己的感情需求，还可以让朋友帮助分担一些生活中的事务，如接送小孩上学。分手后半年到一年内，是建立新的社交圈子和支持网络的最佳时机，也可以借此减少独处的痛苦。

真诚的友谊和情谊常常是在共同从事某项活动、共享某些经验后自然产生的，它们同时是好的爱情的坚实基础。在这个阶段，通过参加某种活动结交各种朋友，是很有意义的。这是拓展自己的世界观、让心灵更成熟的一种方式，年长的朋友会带来安慰，以他们的人生经验和智慧引导我们；年轻的朋友充满朝气，可以一起探索生活的更多可能性；同龄的朋友能理解我们目前的经历，和我们相互扶持，共同应对生活中的一些难题。

交友过程中也需要付出。一个心理状态稳定的人在人际关系中是非常灵活的，既可以自如地接受他人的善意和一定的疏离，也可以在一定程度上对他人付出，在能量低的时候照顾自己的状态。如果一个人既不施也不受，就成了一潭死水，陷在自我之中渐渐腐朽。有施有受，生命就如活水，越来越丰富。我们可以观察自己的交际状态，与他人的互动有时反映了自己深层次的一些问题，帮助我们探索和调整自身状态。

有什么场合或活动比较能认识真正的朋友呢？

第一，利他性社会工作。这里指参加一些非营利性社团或组织的活动，如到孤儿院、养老院或偏远地区的山区小学做志愿者。如果我们自己经历了一些感情的痛苦和心理问题，在朋友和专业人士的帮助下恢复了，也可以试着参与一些心理辅导组织的活动，比如做热线电话接线员，以过来人的宝贵经验帮助那些还在受苦的人。这类活动可以帮助我们觉察自身的价值，认识志同道合的朋友，在助人的过程中还能继续治愈自身的痛苦。社会上有太多此类机构，只要用心观察，一定可以找到需要他人提供帮助的地方。如果有必要，也可以打电话到各种慈善机构，请他们给出建议。即使我们什么都不会做，只要愿意关怀他人，尽一己之力，贡献时间和精力，也可以帮助很多人。

第二，以发展兴趣为主的活动。可以依照自己的兴趣参加各类活动，如登山、摄影、旅游、合唱、野外写生、踏青等。做自己喜欢的事情，可以让我们离真正的自己，离生命原本的热情更近。

第三，以运动健身为主的活动。可以参加晨跑、舞剑、柔道、太极拳或有氧运动。运动是发展友谊最自然的方式之一，不妨每天或每周抽出一段时间，约朋友一起打球、游泳、跑步等，运动中的互动更容易让人产生信任的感觉，打开心扉。

第四，郊游、旅行或者户外休闲活动。在时间和财力许可的情况下，可以参加旅行团，去新的地方。在陌生的地方打开自己，接触新的人、事、物，可以开阔眼界，重新思索自己想要什么样的生活。

如果以上方法都不适合你，也请放心。其实，只要留心观察，保持一颗开放的心，日常生活中充满交友的机会。在每天上班、搭乘公交车，或在图书馆读书、在公园遛狗时，都可以在合适的时刻与人交谈。如果有机会，双方可以进一步成为朋友。即使没有成为朋友，一个微笑、一句问候的话，都可以带给自己和别人一些温暖，让这个世界变得更美好。

想要建立友谊，一定要愿意对朋友投入时间、精力，有了解朋友的好奇心，懂得付出和反馈。建立人际支持网，对于个人成长和结识新的伴侣太重要了。虽然凡事开头难，我仍然要鼓励大家，勇敢而主动地迈出第一步。在交友的过程中，不要期望别人马上就有回应，不求回报的付出会形成良性循环，使我们和他人的关系越来越好。

一个人不快乐，常常是因为他以自我为中心。如果我们跳出自我中心，会变得更可爱，让我们本身变得成熟。有了很多好朋友后，找到理想伴侣的机会就会增加。努力追求成长的人，在人生旅途中会有充分应变的能力，足以克服逆境的挑战。成长之路往往是坎坷的，我们必须经历许多痛苦，甚至以亲密关系为代价，才能换得一些宝贵的内心领悟和人生智慧。而分手后的调整、交友、寻找新伴侣就是这样的过程。

最后，我们来谈一谈如何选择真正适合自己的人，以及什么是健康的感情，有什么判断标准。

亲密关系满足了我们对依恋的需要。在健康的依恋关系中，我们和伴侣彼此信任，相信对方不会离开我们，关系是平等、互助、安全的。

热情和互相欣赏是进入感情的通行证，但我们也应该保持理智，对伴侣的基本特质有一些筛选。建立亲密关系需要我们投入很多的信任、时间和对另一个人的爱，这不亚于一个大的投资决定，一定要擦亮眼睛，不可以跟着感觉盲目走。谨慎的决定才是对彼此负责任的表现，才是感情扎实的基础。

我有五条判断标准，如果你遇到一个满足这些条件的人，我建议可以慢慢打开心扉，为其冒险是值得的。如果你很喜欢一个人，但他/她并不符合以下几种特质，我建议你慎重考虑。爱情往往飘忽不定，但构建长久的亲密关系是一个我们需要为自己负起责任的决定。

第一个标准，诚实。这个人是否欺骗过你，以及你是否见过这个人欺骗别人？你是否质疑过这个人的说法，但竭力说服了自己？不要轻信很爱说谎的人，美满的感情建立在互相信任的基础上。常常说谎的人，可能没有爱一个人的能力。

第二个标准，透明。这个人是否坦诚？当问到一些问题，例如过去的感情经历、对未来的规划、和家人的关系等，这个人是否含糊其词，犹犹豫豫，故作神秘？一定的神秘带来情趣，但如果你感觉很难了解对方，你们之间总有迷雾弥漫，这代表你们的心理距离很远。不要想着随着时间推移，你能得到更多的信任。如果一开始就无法坦诚，这个人可能是无法和人建立亲密关系的。

第三个标准，担当。做错事情的时候，这个人敢于承认，"这是我的错"吗？他的经济状态如何？他会借人的钱不还吗？他经常说话不算话吗？一个没有担当的人，是心智还没有发展成熟的孩子，是不适合进入长久的亲密关系中的。

第四个标准，道德。这个人的价值观和你相符吗？当遇到一些不公平的事情，他会如何评价？他如何对待社会中的弱势群体？如果你对其道德观念不满，你们日后的生活会有较大的冲突。

第五个标准，盟友。这个人有没有把你当作同伴和朋友，付出关心和友爱？亲密关系是一个合作的过程，一起做一些事的时候，你有一同参与的感受吗？在做计划的时候，这个人有将你的感受、喜好纳入考量吗？这个人关心你的生活，关心你的人生目标吗？

　　我并不认为识人是一件轻而易举的事，但我敢肯定，学会再次信任值得信任的人，是得到爱和成长、走出创伤的必经之路。

如何保护孩子？

　　我们每个人都有不同的角色，我们是父母的子女、他人的伴侣，也是我们孩子的父母。这么多角色要平衡好并不容易，其中最重要的一个角色其实是我们自己，这是做好其他角色的前提。只有当我们成为最好的自己，才能做好的父母、好的子女、好的伴侣。我们能从分手的阴影中走出来，调整自己的状态，就能够给孩子树立一个良好的榜样。

　　有的人不能放下对另一半的愤怒或仇恨，可能会在孩子面前诉说另一半如何坏，甚至把愤怒、悲伤发泄在孩子身上；有的人沉浸在自己的痛苦和失去中，对孩子疏于关注和照顾，不利于孩子的成长。父母分开这件事极大地影响孩子的方方面面，学习怎样在这个过程中保护孩子的心理健康，是非常必要的。

　　首先，我们来谈一谈，父母离婚会对孩子产生伤害吗？假如答案是肯定的，会产生怎样的伤害？

　　心理学家沃勒·斯坦（Waller Stein）对北美上百位单亲家庭的孩子做过详尽而深入的心理访谈。他发现，不论离婚在北美是多么普遍的现象，这些经历了父母离异的孩子还是会感到难以接受，产生愤怒、被抛弃等消极情绪。"为什么这件事会发生在我身上？为什么我什么都做不了？为什么他们不能因为我而不分开？"这些孩子比其他小孩更容易感到孤独和绝望，更容易觉得自己缺乏爱和保护。如果这些消极情绪缺乏合理的发泄途径，就会使他们自我压抑，形成长期的性格问题。

斯坦在长时间追踪这些单亲家庭孩子的心理状态后，发现他们有两个共同特征：第一，在人际关系层面，他们对亲密关系既期待又怕受伤害，比常人更敏感，特别害怕被人拒绝、抛弃或者被背叛；第二，在自我层面，他们缺乏承受挫折的能力，当在事业、学业或者人际关系上受挫时，更容易一蹶不振。还有一些消极的心理影响，包括：他们大多缺乏自信，对自己的外表很焦虑，会比一般青少年更担心自己不够男性化或者女性化；他们的自我价值感较低，许多相貌等条件非常出色的人，会因为自己来自离异的家庭，选择条件较差的伴侣以平衡自己的低价值感。此外，他们比较缺乏成就动机，有较高的酗酒、吸毒和犯罪率，也有不少人会回避婚姻和生育，害怕将来子女承受如自己一样的命运。

离婚对夹在父母之间的子女而言，是一件需要处理情绪和产生新认知的事情。有的孩子会觉得，有爸爸和妈妈的家庭才是圆满的。离婚后要求父母都坚持对孩子的教养和陪伴也不太现实，其中一方会搬出去，可能组建新的家庭。剧烈的生活变动，生活中主要照顾者的离开，对孩子来说都是不可逆的变化。

还有一些研究指出，离婚前糟糕的家庭气氛比离婚这件事本身，对孩子身心的发展更具不良影响。除非父母都愿意努力改善婚姻关系，寻求专业辅导，要不然表面上好像是为了孩子，为了"家庭的完整"而勉强在一起，实则家中气氛不对，孩子一直在父母明争暗斗的夹缝中求生存，反而对心理健康有更坏的影响。如果夫妻两个人在比较和平、协商的气氛下同意分开，也在这个过程中注意关心孩子的感受，以尊重的态度向孩子解释发生了什么，帮助孩子更好地过渡，离婚对孩子而言就可以是一个积极的事件。比起在紧张的家庭氛围中战战兢兢，父母离婚后他们可以拥有平和的童年。另外，孩子也能了解到，虽然很多人渴望长久的婚姻，但婚姻的确会因为很多因素而解体，他们会对婚姻有较实际的态度，长大后不会抱有童话式幻想。

父母最好不要有"离异家庭的孩子没有完整家庭的孩子心理健全"的信念。如果用这样的目光看待孩子，孩子顺应这个期待，反而会出现问题，这在心理学上称为"自我实现的预言"，在日常生活中很常见。一定要端正心态，最好的养育孩子的方式永远是尊重和爱。

毋庸置疑，离婚是危机事件，但只要处理得当，帮助孩子接受事实，树立正确期望，鼓励他们好好成长，危机就可以变成转机。处理得好，能使他们在待人接物上更成熟，对自己将来的婚姻更慎重。

接下来，我们来谈一谈，离婚后孩子的心理可能会经历的四个阶段。

第一个阶段是纠结期。孩子此时可能并不知道离婚是什么意思，对他的生活有什么实际影响。有些孩子对离婚有既定的观念，如果没有人向他解释，就可能自己去想象最糟糕、最可怕的情况，加深内心的恐惧和紧张情绪。

在孩子眼里，生活变成不可预期的，例如，回家突然发现父亲已经收拾箱子离开了，或者他需要从原来的家里搬出来，住在旅馆或者出租屋里，他还有可能因为住址和经济上的变化，不得不转校，失去他已经熟悉、适应的环境和朋友。孩子不喜欢改变，他们心里会充满各种不同的感觉，如悲伤、愤怒、担忧、困惑、不安、手足无措等，他们没有办法理解、应对眼前的情况。

第二个阶段是反思期。为了理解这种变化，孩子会开始认为自己应该为父母的离婚负责。孩子对自己的责任可能有不同的解读，有的相信自己真的做了什么事，才使得父母离婚；有的觉得自己有责任让父母的心情好一点；有的相信是自己哪里不好，才无法常常见到没有监护权的一方。

这时候，孩子对"家"的定义也会产生怀疑。他不知道应该怎么和父母继续互动，有的孩子心中会有疑问——是否可以同时拥有爸爸和妈妈？如果和爸爸关系太好，妈妈会不会因此伤心？此外，孩子可能会疑惑：家到底在哪里？父母不再住在一起，也很少共同参加活动，这意味着什么？

第三个阶段是幻想期。因为离婚带来的种种不快乐，孩子可能会一直怀抱父母复合的幻想，希望发生奇迹，让父母和好如初。孩子可能会做一些事，尽量促成父母和好。

在这个阶段，孩子或许会感觉自己是世界上唯一一个父母离婚的孩子。孩子常常觉得孤单、寂寞，没有朋友，情绪低落，害怕自己被其他人排挤，更喜欢独处，长久以往容易形成孤僻的性格。

第四个阶段是适应期。随着时间流逝和父母双方的努力，孩子会走入适应期。孩子清楚离婚的意义，也接纳了离婚对他的生活的影响。并且，孩子已经拥有一些资源，帮助他应对周遭的变化。他也许不喜欢这些变化，但已经可以适应。孩子也可以把感觉表达出来，通常他在这个时候至少可以和父母中的一方分享心里的感觉。孩子会知道离婚是大人的事情，不再觉得必须为父母的问题负责，渐渐对自己可以控制和不可以控制的事情有比较清楚的界限。他发现，自己不需要在父亲或者母亲之间作出选择，坦然接受其中一方的离开是更好的结果。

如何减少离婚对孩子的伤害和消极的影响？

其一，父母需要先调整好自己的状态。很多离婚者为了弥补孩子，会扮演"超级父母"的角色，什么事情都替孩子做好，这对孩子的帮助其实不大，孩子会遭遇与父母相同的难题。对孩子最有利的做法是，父母自己尽快调整好，才能成为支持孩子的力量。很多孩子在父母调整的过程中很坚强，在一旁默默支持，等到他认为父母已经够坚强了，才开始自己的调整过程。

当婚姻出现问题时，孩子往往表现得极为懂事，只是有时父母不肯承认。孩子会表现得比平常还乖，也常常帮忙做一些以前不会做的事，他们把自己的愤怒和痛苦隐藏起来，暂时停止自己的调整脚步，因为不愿意给父母增添烦恼。

当做父母的开始放松心情，自认为已经调整得不错，变得比较坚强时，就要特别留心了。通常在这个时候，孩子会意识到不必战战兢兢，可以表达自己的悲伤、愤怒了。有位妈妈对我说："我觉得我一生中能错的地方都错了，现在我的孩子竟然也变坏，我真的不知道该怎么办。"我告诉她："这可能是孩子在成长。他真正想表达的意思是，妈妈已经调整得很好，也很坚强了，现在我可以开始自己的调整过程了。我也需要哭泣、愤怒，表达受伤害的心情，我想妈妈终于可以陪我走过我的创伤了。"

其二，别进入夫妻拉锯战，别让孩子替你们传话或成为某一方的监视器。离婚后，父母应该避免让子女充当彼此间的密探或者传声筒，不要让孩子成为父母间斗争的工具和仇恨的牺牲品。当孩子询问父母的感情时，要以尽量中立、客观的讲述告诉孩子发生了什么。不要让孩子分辨父母中谁是好人，谁是坏人。孩子是两个人共同的产物，爸爸和妈妈是孩子的自我的一部分，听到谁说任意一方不好，他都会非常难过。

其三，父母要有一定的管教规则。毫无疑问，在离婚的过程中，孩子会受到一些消极影响。孩子是感情的结晶，作为家庭的一员，受到影响也是自然而然的事。千万不要因为觉得亏欠孩子，没有给他"完美"的童年，就用谎言给他刻画一个完美的家庭的假象，更不要过度照顾和顺从孩子。陪孩子经历这个过渡期的最好方式，不是沉浸在伤痛中忽视孩子，也不是过分关注、照顾孩子，而是按照原来的方式教养孩子，让孩子遵循原有的家庭规则。

同时，父母要不断在言语和行动上给予孩子爱的保证。要让他明白，无论父母之间发生了什么事，都会像过去一样爱他，绝不会弃之不顾。要让孩子知道他将和谁住在何处，过何种生活，哪些事情会改变，哪些事情不会改变，等等。

如果孩子在家里或者学校里犯了错误，要让他知道，父母能了解他因为离婚之事可能心情不太好，但规则不能因此改变，错误的行为仍然需要受到一定的惩罚。溺爱子女是离婚父母最容易犯的错误，不严格管教，在物质或者精神上过度补偿，并不会让孩子更快恢复好心情。他会认为，父母之所以这样愧疚，是因为他们做错了事，所以才需要这样补偿。孩子会将生活中的不愉快归罪于父母，这样会培养不负责任的孩子，也会让离婚这件事更久地影响孩子。

父母在孩子小的时候就要培养他们的责任感，通过一致的赏罚使外在的道德秩序和行为规范在孩子心中内化。孩子从小学会自制，长大后心中才会有安全感。离婚后，父母仍然需要沟通管教的规则，在管教上保持一致。如果孩子察觉到父母的管教标准不同，会更加难以管理。比如，孩子对妈妈说："爸爸不但不逼我做作业，还买了好多玩具给我玩，你老是骂我，还从不买东西给我，以后我去找爸爸，不找你了。"要避免这种情况，否则父母之间的冲突会继续影响孩子。

请记住，你永远是你的生活中最重要的人。在众多的人生角色中，最重要是要忠于自己，做好自己。只有做好了自己，快乐、充盈起来，才可能做一个好爸爸或好妈妈，做一个好伴侣，达到人生更好的境界。

如何应对社会压力?

人作为社会动物，很难不被周围的环境影响。很多时候，周围人的声音和施加的压力会阻止我们坚持自我的道路。对于离婚或分手这件事，可能在我们作出决定之后，身边就会涌出很多声音，会有争论、不赞同等情况。

我有一个女性朋友，人很善良，事业也很成功。她的第一段婚姻不太顺利，遭遇丈夫的背叛后，她选择了离婚。恢复单身后，她偶遇大学时候曾经追求过自己的男同学，男同学也是单身，他重新展开对她的追求。可是，当她告诉对方，她刚经历过一次不太顺利的婚姻后，对方说，"也许我可以接受你离过婚，但我的家里人不可能接受"，然后离开了。她很惊讶，因为这个男同学曾经执着地追求了她很久，她以为他喜欢她是因为她这个人，是出于对她的了解，她没有想到，结过一次婚这件事竟然让他不再喜欢她。

从这位朋友的故事中，我们可以看到，对于离婚的人，尤其是离婚的女性，人们确实有一定偏见。如果一对夫妻离婚了，很多人会从女性身上找原因，舆论压力也常常加在女性身上。当夫妻有了矛盾，家人和朋友有时不会站在女性一方体谅她的艰难，反而会劝女方："忍一忍吧，男人不都是这样吗？天下乌鸦一般黑！""你都老大不小了，离了婚，到哪里去找对象呢？"这些评论都好像在说，离婚是女性最应该避免的糟糕事情。他们认为，与离婚相比，与一个已经不爱的人在一起，每天过着争吵不断、身心备受折磨的日子居然还好点。

在一些人的价值观中，女性不管学历多高，工作能力多强，在行业里有多出色，一旦她的婚姻失败了，她的人生就是失败的。两个平等、独立的成年人，自由地结为夫妻，感情也在变化，不适合继续在一起的时候协议分开，为什么会是一件耻辱的事情呢？

即使在现代社会，我上面提到的那位女性朋友的经历也绝对不是特殊的案例。离婚的人常常会承担舆论的压力，成为他人茶余饭后的谈资，被人戴着有色眼镜看待，甚至会因此影响职业发展。女性和男性一样，在这个社会里拥有被平等对待的权利，拥有独立的人格，有为自己选择更好的生活的权利。所以，同为女性，我会和大家谈一谈，离婚后我们可能要面对哪些心理压力，以及如何减小这些压力对我们的影响。

离婚后可能经历的心理压力有来自自我的压力、来自亲朋好友和社会舆论的压力、离婚后再婚的压力。

首先是来自自我的压力。虽然说一段关系的结束是双方的事情，两个人都对关系的经营负有责任。但从内心层面，有时我们会觉得这是自己的一个重大失败。我们可能责备自己，觉得自己没有做好。无论是觉得自己没能挽回对方，还是自己主动选择了分开，都可能觉得自己是失败者。如果带有这样的指责和压抑，加上正处在人生的重要转折点，叠加现实压力，就可能进入抑郁的状态，甚至对自我价值产生怀疑。周围的人倘若此时指指点点，就可能感到不堪重负。

自我状态调节不好，加上外界压力，人可能会失去方向。著名的电影明星阮玲玉曾经风光无限，但在那个封建的、流言猛于虎的年代，她深陷情感纠葛，无法面对社会舆论，选择终结了自己的生命，令人唏嘘不已。

离婚后更需要活出自己的样子。有许多离婚后仍然活得有滋有味且自尊、自爱的女性，可以成为我们的榜样。坚强女性董竹君的故事，可以激励离婚后的女性创造人生新天地，回望她的人生之路，其实也并不顺利。作为来自贫困家庭的女性，董竹君曾被卖入青楼做歌女，后来逃出火坑，留学日本，受过良好的教育，但嫁入夫家后受尽刁难，在家里地位很低，更谈不上拥有基本的尊重。她带着四个女儿毅然离开，在上海从一无所有开始奋斗。在二十世纪二三十年代，从小生意开始做起，不仅在上海滩立住了脚，还自创品牌锦江川菜馆和锦江茶楼，把四个女儿培养成很优秀的女性。早年的文化环境对女性并不友好，更别提经商的女性，但她靠胆识和魄力开创了人生的新境界。

我们每个人的人生都不是一帆风顺的，会遇到种种意外和挫折。婚姻的失败当然是人生的一个大变故，但也可以是一个及时折损的积极选择。离婚是否意味着失败，基于我们自己对失败的定义和对离婚的认知。无论外界施加什么样的压力，他人如何评论，如果我们对自己有积极评价，我们的内在就是充盈的，对于别人的评价和议论就有免疫力，不太会受外界环境的影响。

因此，我们首先要对离婚有正确的认知。离婚是一段关系的结束，这是一种丧失，任何人都会为此难过和悲伤，这是非常自然的情感表达。但离婚并不是一种过错，更不是一种犯罪。离婚是一个人发现自己在择偶上作了不适合自己的选择，或者发现对方并不是可以和自己携手走完一生的人，是我们重新作出更适合自己的选择而已。

除了调整认知外，也需要巩固自己的自尊心。一段重要关系的破裂可能让我们产生自我怀疑，加上外界"离婚后就贬值""年龄大就贬值"之类的歧视性言论，我们需要积极、主动地建立更高水平的自尊、自信、自爱，这些会让我们焕发生命的能量，有更多灵感和力量做有意义的事，开拓更广阔的人生。

怎样提高自己的自尊水平？一个很好记、很简单的方法是，做任何让我们自我感觉良好的事。大体来说就是，在生活里做自己享受的事，对自己好一点，比如，跟好友周末约个会，吃顿好吃的，下班后让自己泡一个泡泡浴，等等。还要在生活中多接触欣赏、支持自己的人。在自我层面，可以在外表、思想、心灵、爱好这些领域做一些提升自我的事情，比如学习绘画、理财，开启一项运动，等等。

当我们在行动上开始注意自己的感受，留意提升自己的价值，就会产生一种"我是很有价值的，我很宝贵"的积极感觉。这种积极感觉会促使我们做更多事情，成为阻挡外界舆论的保护伞。

其次是来自亲朋好友和社会舆论的压力。离婚后，父母、亲戚朋友都可能受传统思想的影响，认为这是一件不光彩的事情。他们除了在认知上会消极地影响我们，还可能因为焦虑而越过界限，干涉我们关于婚姻的决定。"你有什么地方没有做好，让他不满意了?""是不是有什么误会没说清楚? 要不要我去帮忙劝劝?"甚至私底下打电话给对方,拜托对方不要离婚。父母看到子女的状态不好,就用尽一切方法,用自己认为会帮到孩子的方法去干预,这是中国式表达爱。

对于这些自以为在帮助解决问题的人,可以坦诚地说出想法,说明会为自己的人生负责,这是属于自己的问题,希望他们放心,给你一段自我整理的时间。

要在认知上扭转家人根深蒂固的想法,可能很困难。如果在这个时候和不能接受离婚一事的家人待在一起,是不利于恢复状态的。与其陷入争吵,不如冷却一下,拉开距离,等到自己的心态稳定了,状态恢复一些,他们看到你生活得不错,自然不再焦虑,也不会再插手此事。

对于其他人的流言蜚语,我们怎么处理呢? 离婚之后,似乎全世界都对婚姻风波感兴趣,不那么熟的人,甚至七大姑八大姨,都会打电话来追根究底,想知道到底发生了什么。甚至在工作中,都会听到对这件事的调侃,让人尴尬、窘迫,抬不起头似的。但我们要知道,婚姻是私生活,我们没有向其他人解释细节的义务。对于工作岗位的同事和熟人,可以言简意赅地向他人说明自己已经离婚了,会安排好生活,礼貌、客气地谢谢对方的关心。没必要向普通人解释,为什么会选择离婚,还有没有挽回的可能,到底发生了什么,等等。

爱听八卦却不关心当事人的感受的人,并不是真正的朋友,可以远离他们,多和真正关心、支持自己的朋友相处。如果在工作场合因此遭遇歧视，最好的方式就是直面议论自己的人，告诉他们，你不喜欢这种议论，这也是没有职业素养的表现。如果公司的整体氛围都如此，可以考虑离开这种有毒的环境。

记得保持状态稳定，这对于应对外界压力非常有帮助。

最后是再婚的压力。我们会听到一些人说，离过婚的人就"跌价了"或"贬值了"，如何看待婚恋市场的这种议论呢？其实，婚恋市场原本就是把人物化、扁平化的地方，这种地方常常只看见一个人的外在条件，如薪水多少、户口在哪里、有几套房等等，却看不见这个人内在的心灵。人们一旦进入婚恋市场，就无法拒绝被挂上某种"价值牌"。重要的并不是这个"价值牌"是高还是低，而是我们有多看重这个"价值牌"，内心是否坚定地相信自己的价值。

进入婚恋市场的人大都急着结婚，但需要想想自己是否真的急着结婚，希望在什么时间结婚，在上一段婚姻结束后对下一段婚姻有什么展望。可以列一个计划，列出找到合适的结婚对象的种种途径。婚恋市场并不是我们找到伴侣的唯一可靠途径，有很多认识潜在伴侣的其他方式，能更立体、多样地呈现人的特质。

如果一时找不到合适的对象，也不要着急。先调整自己，秉持一种平和的心态。婚姻是可遇不可求的，只有做好了单独生活的准备，才真正做好了遇见下一段感情的准备。另外，千万不要带着"我只有妥协了，才能找到匹配的人"的心理。有此心理的人往往自我价值感较低，害怕孤独终老，很快妥协，找到一个并不能满足自己的期待的人，因而错过真正满意、欣赏的伴侣。

创伤是人生中的不幸，但同样是成长的机会。在离婚过程中遇到的这些阻碍亦如此，它们既可以是让我们从此消沉的障碍，也可以是成就自我价值的契机。

当我们用成长思维看待生活中的问题的时候，就更可能将消极的遭遇转化为机遇。成长是学会充分运用杯中所剩的半杯水，不耗费精力抱怨为什么另一半是空的；成长是由依赖到独立的过程，从过去完全活在他人的期望中，迷失自己的方向，到如今知道自己要的是什么，不再依赖别人，知道自己应该怎么活；成长是了解自己，可以不被环境操纵，知道自己有主动选择思想、态度和行为的能力，因而勇于为自己的生命负责，不为自己的行为找借口；成长是学会接受自己和他人的不完美，同时不断发展自己的潜力和天赋，每天在品德、学识、生活的意义上求进步；成长是勇敢地面对人格中的阴影，学会与自己的个性、看法不同的人和平相处。成长的人懂得欣赏参与，能为他人的喜乐欢呼。

成长永远包含着冒险，要面对未知，尝试新的经验，拓展个人的界限。如果不去成长，我们就不会改变自己，不能面对未来的危险。

第三步

疗　愈

爱情理想的破碎

爱情，是人类永恒的话题。罗密欧与朱丽叶、牛郎与织女的爱情故事，感动着渴望完美爱情的心灵。童话故事中的王子与公主最后都是"从此幸福、快乐地生活在一起"，而现实中的亲密关系离不开柴米油盐酱醋茶，离不开风风雨雨的考验和经历。即便是幸福的关系，也少不了争吵和冲突，经过不断妥协和沟通，不断经营，才得以长青。

心理学研究发现，婚姻的满意度呈 U 型曲线。也就是说，双方的婚姻满意度在初期和老年期是最高的。结婚一段时间之后，维系两人热恋时脑中的多巴胺等物质会减少，热恋阶段最多持续两到三年。除了生理基础之外，双方各自的人格、对婚姻的调适、原生家庭的影响等因素，都会影响一段婚姻的满意度。

从原生家庭的角度来说，被背叛的痛苦程度其实与童年时期的创伤有关。比如说，在儿童时期，有人会感到被忽视，甚至被虐待，父母没有给予充分的安全感。我有一位女性朋友，从小父母工作忙，把她寄养在外公外婆家里，一直到上小学才回到自己家中。外公外婆年纪大了，无法好好照顾她，她从小一直很孤独。当她回到自己家时，弟弟刚刚出生，父母认为她已经大了，就让她照顾弟弟，而她自己从来没有感受过父母的关心和疼爱，觉得自己仿佛家里的外人。她与父母的关系从小就很紧张，长大后她嫁给一个性格、脾气与父亲很像的人。在婚姻中她拼命讨好丈夫，内心非常缺乏安全感，一直担心对方会抛弃自己。结果，丈夫还是背叛了她，被背叛带来的伤害重新唤起童年时被忽视的痛苦，再次让她深深地体会到被抛弃以及自己没有价值的感受，形成"无论如何努力，我还是会被抛弃"的自我实现预言。

自体心理学认为，一个人幼年时需要在父母或主要养育者那里感受到，"我是被全然接纳的，我很重要，我被看见了，我是有价值的"。这样就会形成健康的自恋，在关系中感到自己是安全的、被人接纳的。如果在幼年时没有得到父母或主要养育者的积极关注，会在关系中觉得自己是没有价值的。婚姻中伴侣的背叛重现了被抛弃的感觉，首先让她的自信心和自尊心崩溃了，积压在心里的不安全感也被重新唤起。被背叛的痛苦之所以这么难忍受，是因为它触发了幼时的她最害怕的事情——被抛弃。

我们渴望能够在亲密关系中满足和实现自己在童年时没能满足的需求，就像白雪公主和灰姑娘渴望寻找她们的王子一样。如果我们幼年时有某种没有得到的情感，就会拼命地想要在亲密关系中找到。而当亲密关系也失败了，带来的就是自尊心和自信心崩塌的双重打击。

婚姻模式会代际传递，影响创伤修复。我认识一个女孩，她是坚定的不婚主义者。她说自己对婚姻不抱希望，因为从小父母的婚姻就很糟糕，只要一看到父母争吵，她就没有一点结婚的想法和欲望。她说，父母糟糕的婚姻对自己不想结婚的选择有非常重要的影响。还有一种情况是，有的人在比较小的时候经常看到父母争吵，或者父母中的一方跟自己的关系特别糟糕，如女孩可能和父亲的关系糟糕，或者男孩跟母亲的关系糟糕。男孩（女孩）就会想，"我长大后一定不要找一个和我的妈妈（爸爸）一样的人做妻子（丈夫）"，因为他（她）饱受其害。但当这个人长大后，常常还是会不由自主地爱上某种特定类型的人，而这种特定类型的人的很多特点都和异性父母的特点非常像——可以说，人的潜意识里会有一种趋势，会不自觉地重复父母或者上几代人的婚姻模式。

如果我们和自己的父母形成一种特定的关系，未来我们也会不由自主地和伴侣重复上一代的模式。在养育子女的过程中，还会接着不由自主地把这种模式传递给下一代，继续影响下一代的亲密关系模式。在亲密关系中，这种模式的遗传和重复出现得特别频繁。

电影《茉莉花开》改编自苏童的小说《妇女生活》，讲述了三代女性的人生故事，三代女性婚姻模式的代际传递。"茉"从小父亲缺失，电影里完全没有交代她的父亲是什么样的。她的女儿也缺少父亲，因为"茉"和拍电影的老板在一起后又被抛弃，她怀孕后自己生下了孩子。她缺乏父爱，她的女儿"莉"也没有父爱，"茉"又一直处于产后抑郁的状态，所以"莉"是《茉莉花开》这部电影里心理功能最差的一个人。她长大后结了婚，有个养女名"花"。"莉"最后有严重的精神问题，出现幻觉，觉得自己的丈夫和养女"花"有不当关系。她的丈夫后来卧轨自杀，养女"花"就此失去父亲。"花"长大后在婚姻中也拼命牺牲自己，"花"的丈夫读了大学，又去日本留学并背叛了"花"。"花"离婚后，她的女儿同样失去父亲。在这个家族里，"茉""莉""花"以及"花"的女儿，每代人都缺失父亲，她们的婚姻也有相似的部分，这就是她们的关系模式。这部电影展现了代际传递中多代传递亲密关系模式的过程，每一代人都延续着上一代人的亲密关系模式。

代际传递是家庭治疗中的一个概念，也是著名的家庭治疗师莫瑞·鲍文（Murray Bowen）提出的系统家庭治疗的八大连锁理论之一。它指上一代或者上几代的婚姻模式，会在家族里不断传递下去。正如影片中的"花"，童年时缺乏父亲和母亲的爱，害怕自己会在亲密关系中被抛弃，于是拼命地牺牲自己，打好几份工，供丈夫读书。丈夫还是背叛了她，丈夫的背叛也意味着她的爱情理想的破碎。

爱情理想的破碎会带来巨大的痛苦，甚至会造成心理和认知上的失调。就像金庸先生的小说《神雕侠侣》中的李莫愁，在自己的爱情理想破碎之后认为，一切男性都是祸害，走向极端，最终孤苦一生。

如果背叛或者离婚严重影响一个人的认知，就不但影响他自己的生活满意度，还可能不知不觉中将错误、消极的爱情和婚姻观念传递给孩子。有的父母婚姻不幸福，会把自己的故事挂在嘴边，讲给孩子听。作为父母，我们就是自己孩子的原生家庭，需要勇敢地面对内心的阴影，首先从伤害中走出来，成为坚强、乐观的人，为孩子树立良好的榜样。张幼仪是徐志摩的原配，徐志摩相亲时看到张幼仪的照片，说她是"乡下土包子"。据张幼仪的侄孙女张邦梅所著《小脚与西服》这本书，张幼仪到欧洲与徐志摩团聚后，有一天徐志摩突然离家，那时张幼仪怀着次子四个多月，后来她独自把孩子生下来，一直把孩子养到三岁多，但孩子因重病无钱医治而早亡。张幼仪回到上海后，曾出任某银行的副总经理。她勇敢地与徐志摩离婚，离婚后双方还成为好友。张幼仪为大儿子树立了一个女性自强自立、不因父母的感情问题而迁怒的榜样。

每个人都可能憧憬过拥有美好的爱情。爱情理想破碎，的确让人很痛苦，但这也可能是一种成长。不经历风雨，哪能见彩虹。《必要的丧失》一书告诉我们，人生中必要的丧失会成为个人生长的驱动力和发动机。我们需要哀悼，哀悼自己的父母不完美，自己也不完美，亲密关系亦如此，这是正常的，世界上本来就没有完美。我们不要把伴侣看成满足全部需求的人，我们不可能从一个人身上得到所有想要的，我们需要接受这个痛苦的现实。当我们能够接受事实，给自己哀悼和悲伤的时间之后，就可以做些事情来真正疗愈自己。我们要把自己和伴侣都看作平凡的普通人，都不完美，但彼此扶持，从对方身上得到一部分想要的情感。只有接受自己的不完美，接受对方的不完美，真实、平等的爱才会发生，才会产生真正的亲密。爱情理想的破碎，可能是通向构建全心全意的伴侣关系的契机。

如何处理和应对爱情理想破碎带来的丧失感呢？我们需要做一些觉察和哀悼的工作，比如绘制家谱图和写信。可以回顾自己与伴侣的父母及祖父母的生活经历，看看三代人的婚姻模式是怎样延续的，是否有背叛或者其他婚姻的特殊情况？也可以回顾自己的成长经历，童年时与父母的关系如何？有没有感觉被忽视了？想一想自己有没有未被满足的需求，在婚姻中对伴侣有怎样的期待？这些期待有相似的地方吗？

如果发觉有未实现的需求，可以用写信的方式对这种不可能在亲密关系中实现的需求表达哀悼，也可以看看能不能采用其他方式来满足这种需求，比如参与社会公益活动，找到生命的意义。

感情不顺也存在代际传递，如果我们可以觉察并作出努力，就一定可以减少代际传递的影响。

安全感的崩溃

感情破裂可能彻底颠覆一个人对亲密关系的信任感和安全感。我们来谈一谈，人的安全感是如何形成的，感情中的安全感为什么有高有低。

谈到安全感，必须提到心理学史上一个非常著名的实验，即哈洛的恒河猴实验。美国心理学家哈洛（Harry F. Harlow）把刚出生的小猴子关在玻璃箱里面，玻璃箱中有两个"猴子妈妈"，一个是用铁丝做的，身上挂着奶瓶，另一个是用绒布包裹的，身上没有奶瓶。结果发现，刚生下来的小猴更多时候还是待在绒布妈妈身边。在遇到惊吓的时候，小猴也会下意识地去抱绒布妈妈。这说明，母亲温暖、柔软的身体接触是舒适感和安全感的源泉。

美国心理学家埃里克森（Erik H. Erikson）提出人的心理发展的八阶段论。他认为，一个人从刚出生到一岁，是形成关系中安全与不安全感的重要时期。当我们还是婴儿时，需要有人无条件地满足我们的吃、喝、温暖等基本的生理需要，让我们感到自己是安全的，我们长大后就会对关系有安全的感觉。婚姻关系可以说是一个人非常重要的一种亲密关系，如果我们可以在婚姻关系中得到好像童年时父母或主要养育者给我们提供的安全的感觉，就会让我们觉得很踏实。

美国心理学家马斯洛（Abraham H. Maslow）的需要层次理论也认为，当人们满足了基本的生理需要和安全需要之后，就需要满足爱和归属的需要。我们每个人都生活在关系中，需要得到别人的认可，这是非常正常的需要，也叫健康的自恋。如果有人在成长过程中，在父母那里没有得到足够的关注和关爱，潜意识里会觉得自己是没有价值的，是不被关心的，长大后就倾向于用一种消极、悲观的视角看待自己和他人。即便别人可能一片善意，只想表达关心，他们也看不到。因为他们戴着有色眼镜去看人，看不到别人对自己好的那个部分，看自己亦如此。

依恋模式也与一个人安全感的形成关系密切。我们每个人都有自己的依恋模式，而依恋模式可分为安全型和不安全型。伴侣关系中，安全型依恋模式指自己对与伴侣的关系有安全感，也信任对方，知道对方不会离开自己。不安全型依恋模式有三种，分别为矛盾型、回避型和混乱型。矛盾型指对伴侣有矛盾的情感，一方面内心非常渴望对方的爱，另一方面又不相信对方会给自己爱。回避型指不期待伴侣会给自己亲密的情感，也不给予对方想要的情感。混乱型可能是以上两种不安全型依恋模式的组合，内心不相信他人会爱自己，也会无意识地作出种种举动来推开他人。有研究发现，6个月大的婴儿的依恋模式就可以预测他成年后在亲密关系中的依恋模式，从而影响其在亲密关系中的安全感。

如果亲密关系中两个人都是安全型依恋模式，感情的稳定性和安全感就会比较高。如果只有一方是安全型依恋模式，感情的稳定性和安全感就会差一些。如果双方都是不安全型依恋模式，情况就会很糟糕。

假设妻子是矛盾型依恋模式，很难被安抚，不相信别人会关爱她。丈夫表达关爱的时候，她要么看不到这种关爱，要么不相信这是真的。也就是说，她内心非常渴望关爱，但关爱出现时，她又觉得不够或者不是自己想要的。假设丈夫是回避型依恋模式，那就糟糕了，冲突会很激烈。在这样的夫妻关系中，妻子会觉得丈夫不关心自己，丈夫会觉得妻子怎么这么烦，无论怎么做都安抚不了，就可能出现同床异梦的情况。妻子认为自己的亲密关系是不安全的，对方随时会离开自己，这也是一种自我实现的预言。

可以通过什么方式修复在上一段关系中破碎和早年就破碎的安全感呢？

我们每个人的安全感都和自我身份认同关系密切。自我身份认同就是我们认为自己是谁，我们对自己怎么看。自我身份认同是在我们和周围的人交往的过程中形成的。如果我们认为自己是有价值的，就算亲密关系终结，也可以通过重建自我身份来重建关系中的安全感。

我们一生中会和各种各样的人交往，也许和一些人比较合得来，和另一些人不太合得来；有的人只认识了很短时间，但相见恨晚、惺惺相惜，会有知音的感觉；有的人认识了好多年，还是觉得很陌生。如果早年的照料者和我们形成不太好的关系，这种关系会内化，在后来的生活中，当碰到某些人说了相似的话或做了相似的事情，就会激发内心久远而深刻的感受。此外，有一个概念叫自我监控。也就是说，即便没有人说我们怎么样（或者有人评判我们之后），也好像有一个内在的声音说我们"不够好"。在重新整合的过程中，我们就需要去觉察、看到早年成长经历中和我们关系比较好（不好）的一些人。曾经给过我们温暖和亲密的人，我们可以把他们整合到现在的生活里，在互相见证的过程中重新看到自己的价值；那些给我们造成伤害的人，可以像开除会员资格一样，把他们排除在我们的"重要他人关系网"之外，减少他们对我们的影响。

在重塑信任的过程中，我们要努力发现一些闪光点，去看到生命历程中和我们曾经有过亲密关系的人，重新回忆他们带来的温暖和亲密，发展出丰厚的故事，改变我们对自己的身份认同。也就是把好的客体重新整合到生命中，从内心深处看到我们的价值，重塑信任感。这个重新整合的客体可以是人，可以是宠物，也可以是某部电影，或者是电影明星。可以通过对话的方式来审视一个人的内在价值，具体有以下四个步骤：找出生命中的一个重要他人；描述这个人在生命中的贡献；回忆我们为这个重要他人做过什么；我们做的事情为这个重要他人的身份认同带来了什么。

我们可以想一想，在生命历程中有谁给过我们一段比较好的亲密关系。当找到这个人以后，接着想一想：这个人有什么样的特点？在交往过程中，什么事情给我们留下深刻印象？在我们的生命中这个人起到怎样的作用？这个人欣赏我们身上的哪些特点？在和这个人交往的过程中，我们为这个人做过什么事情？因为和这个人的交往，我们给这个人的自我身份认同带来什么不一样的部分？

重塑信任至少有两种途径：一是找一个好的客体；二是内在客体转化之路。

关于找一个好的客体，最简单的办法就是找一个适合自己的咨询师。在咨询过程中，咨询师可以成为一个非常包容、温暖的外在客体。此外，可以在现实生活中寻找一些和自己比较投缘、相处起来比较愉快的人。

内在客体的转化之路是说，假设我们在童年曾经受过伤害，外在的、伤害过我们的客体可能转化成一个内在的客体，成为一种自我监控，我们需要对此做一些工作。比如，要觉察内在自我监控的声音是什么？那个不断监控自己的客体是什么？可以用一些方法去看到这个部分，如用写信的方式。

价值感的动摇

一个人的自我价值感，很容易受感情状态的影响。在刚刚陷入爱河的时候，我们可能会感到自己是世界上最幸福、最可爱的人，身上的缺点都因为伴侣的爱而变得无关紧要了；而当感情破裂的时候，又会感觉自己一下子被打入万丈深渊，好像失去所有吸引力。为什么我们的价值感会被感情状态影响呢？

首先我们来谈一谈，人的价值感是如何形成的。

一个人的价值感也可以称为自尊，精神分析称之为"健康的自恋"，指一个人如何看待自己，认为自己是一个怎样的人。我们每个人一生中都需要一种健康的自恋，也就是一个人价值感的维系，或者说自我身份和意义的认同。一个人的价值感，也可以通俗地理解为我们对自我的感受是消极的还是积极的，认不认为自己是一个有价值的人。

人们的自我价值感从何而来呢？人会从他人的反馈中理解、巩固、调整自我价值感，也就是说，价值感与人和人之间的关系密切相关。每个人都渴望有被别人聆听、尊重、喜欢的经验，在这样的经验里，我们更能体会自己的价值，进而"我是有价值的"的感觉会越来越强烈。就像母亲和婴儿互相喜悦地凝视时，都可以从对方的眼中看到自己的存在以及被对方看到的喜悦，从而深深地感受到自己的价值。成年人也是如此，处于良好的亲密关系中时，彼此都可以从对方的言语、非言语沟通中感受到自己的价值。鱼说，你看不到我眼中的泪，因为我在水中；水说，我能感受到你的眼泪，因为你在我的心中。鱼和水都感受到看到与被看到，从而感受到自己的价值。

埃里克森年轻时有一段经历，被称为"非洲紫罗兰皇后"的故事。埃里克森有一次到欧洲讲学，他的朋友知道后拜托他帮忙——他的老姑母已经70多岁了，住在欧洲的一个小镇上，她没有其他亲人，也没有什么朋友，一个人孤孤单单地生活。朋友希望埃里克森能够去看望她，看看有没有办法帮助他的姑母。

埃里克森接受朋友的委托，去拜访朋友的姑母。朋友的姑母住在一栋两层楼里，埃里克森进去后上上下下打量，想在房间里找到一些不同的东西，用来帮助她。他在二层小小的阁楼上看到几盆非洲紫罗兰，开得非常好。他就对朋友的姑母说："你喜欢养花，何不以后在空闲时间多养几盆花，送给别人呢？"之后朋友的姑母培育了好多盆非洲紫罗兰，这个小镇上几乎每一个人都收到了她培育的花。当她80多岁去世的时候，全镇的人都来给她送行，参加她的葬礼。镇长还给她颁发了一枚勋章，上面写着"非洲紫罗兰皇后"。

我非常喜欢这个故事。每次讲述这个故事的时候，心中都有很多感动。我们是谁？我们怎样看待自己和我们的价值感，是在我们和周围人的交往中构建出来的。也许我们每个人的生活一开始就像那位老姑母一样单调，很孤独，没有存在感，是一个孤立的星球。但老姑母主动作出小小的改变，栽花送给别人，扩展了人际关系。通过种花，再把花送给别人，她展现了她的价值，塑造了她和周围人的有意义的关系，这些关系反过来也让她逐渐改变了自己的生活，发现和认同了自己的价值。

人们从他人的反馈中确认价值感，在有意义、有爱的连接中滋养自我感受，所以爱能促使我们成为更好的自己，能让我们感受到可以成为更好的自己。人是社会性动物，需要朋友、亲人、恋人的反馈和互动。

其次，我们谈一谈感情的破裂是怎样破坏一个人的价值感的。

有一个神话故事说，本来人有两个头、两个身体、四只胳膊和四条腿，力量强大。神害怕人的力量，把人劈成两半。于是，每个人只有一个头、一个身体、两只胳膊和两条腿。被劈成两半的人感到没有安全感，于是拼命地去找自己的另一半。

从心理学的层面来说，人们最初的价值感在与主要养育者的互动中形成。成年以后，我们以相似的方式从朋友、恋人那里获得爱和关注。我们渴望在关系中得到更好的照顾、更高质量的爱，因为对方的付出和关系的质量都能够反映出，"我们是足够好的人，值得被照顾，值得被保护"。

当人们组建自己的家庭，对家庭投入大量精力，就会希望得到相应的反馈，建立更滋养的关系。但人们往往发现，与事业的经营和友谊的建立不同，爱情和婚姻更复杂。能否得到伴侣更多的爱和照顾，取决于一些"我值得被爱"以外的因素，比如，两个人的条件是否匹配，生活节奏是否一致，对方是否有足够的精力去付出，一方付出的方式是不是另一方能感受到爱的方式，沟通是否良好，是否有孩子，以及经济状况，等等。在这些因素的作用下，很多时候会让人有一种"我已经不被爱"的感觉。

如果小时候没有足够好的母婴关系，没有建立稳定的自我感受，当伴侣疏忽自己的感受，付出被辜负时，就会立刻感到——"我不再被爱了，我在关系里失去了价值"。这种对底层价值感的威胁是很严重的事，因为当我们因为爱的变化有所动摇时，就会进入应激模式，要么战斗，要求恢复到原先的被爱的状态，要么逃走，即结束关系，尽快去找下一个能满足自己的被爱感受的人。这个时候感情状态就会很受影响，这些情绪会引发冲突，间接加速关系的破裂。而当人们真的和伴侣分开，被动摇的自我价值感并不会快速回升，只会陷入更深的抑郁状态，认为自己果真没有价值，果真不被爱。

在感情的动荡中，我们很难保持冷静和客观，就是因为它威胁我们的自我价值感。我们会想："是因为我不够好，所以你才会爱上别人吗？如果我足够好，你是不是就不会爱上别人？"事实上，一段感情之所以破裂，原因非常多，包括生理原因、家庭代际传递、人格问题，等等。此外，一个人缺乏内在资源，自我价值感比较低，就会努力从外界获得价值感，因而不可能获得持久的情感满足。如果一个人价值感的维系很大程度上依靠亲密关系，感情失败时就会对自我价值感产生毁灭式打击。

相反，如果一个人在母婴时期建立了比较稳定的自我价值感，就不会过度依赖伴侣对自己的反馈和关注，不借此平衡自己的价值感，可以对感情有更客观的认知，也会更有能力经营一段稳定的亲密关系。心理学研究发现，自我价值感比较高的人，在感情失败后会适应得更好，因为他能很快意识到关系的破裂与"我是否值得爱"无关。

最后，可以通过什么方式修复破碎的自我价值感？怎样拥有更稳固、更高的自我价值感？

我们必须有决心，相信自己可以成长。有一次我在校园里散步，看到有一棵树经历风暴，断成两截，倒在湖水中，可是它倒在湖中的躯干依然长出新的分枝。我想，这棵树倒了，但它依然能够发挥最大的潜能，继续向天空生长，就好比一个人遭遇了人生中的重大危机，也可以像断掉的树一样，开启人生新的境遇。我们每个人内在都有树的这种生命力，可以发挥内在的潜力。

有一位女性来访者对我说："我和丈夫的关系不好。我觉得自己很需要关心，但当我遇到伤心事的时候，他一点都不关心我，我觉得很抑郁，好像有一片乌云笼罩着我，我不知道怎么走出去。虽然生活中也有很多朋友关心我，但婚姻关系太让我糟心了，像一块压在心上的大石头。"

之后在我的引导下，她说，其实她也知道丈夫不能时时刻刻陪在她身边，但当她很难过，他却不回应的时候，就会难以忍受。她将自我价值感、自我感受寄托在与丈夫的互动上，没有稳定的自我状态。得到回应，就感到安全和开心；没有回应，就感到害怕和抑郁。她不相信即使在不回应的时刻，丈夫也是爱她的；即使丈夫离开了她，她也是有价值的。

重塑自我价值感的要点在于，除了情感关系，还可以注意到生活中的其他闪光点。就像"非洲紫罗兰皇后"的故事，我们需要像埃里克森一样，在房子里寻找我们生命中的"非洲紫罗兰"，找到能够代表自我价值的闪光点。生活中每一个小小的闪光点，都可能在我们的生命中发展出一个美好的故事。这样的源自多个事物的自我价值感，能够让一个人充满力量。

对于上文中的女性来访者，虽然她抱怨头顶阴云密布，但也承认有很多朋友关心自己。于是我问她："你刚刚提到有很多朋友很关心你，是吗？你和他们交往时有什么感受？你的朋友通常怎么评价你？他们和你在一起时有什么感受？"通过这样的引导，她意识到，感情生活并不是生活的全部，感情生活的状态也不能定义她的价值。她不仅是一个妻子，还是一个总在朋友困难时刻出现的好朋友，一个总能以自己的幽默、乐观让朋友感到轻松、快乐的开心果。这些自我价值的展现是她生活里的资源和力量的源泉，会帮助她建立更完整、更积极的自我评价。

我们可以回忆生命历程中的一个小小的美好事件，回忆所有细节并写下来。我们可以觉察在这件事情中我们感受到了什么，他人是怎样看待我们的？我们体验到了自己的什么价值？

在这个案例中，我不仅为她找到了资源，也用同样的方式帮助她"拨云见日"，更客观、正面地看待自己。我还引导她回忆：在婚姻中，除了糟糕的时刻，她有什么感觉良好的时刻？在这些时刻，对方感觉如何？有什么积极的反馈？她感到自己有什么价值？

每个人都是独特的，带着特有的魅力和价值。只不过很多时候我们像故事中的那位姑母，习惯了待在自己的房子里，感觉孤独、害怕、无价值，实际上只是忘记了去寻找自己原本就有的价值。这些价值一直跟随着我们，当我们重新审视生活中闪光的回忆，审视自我感觉良好的时刻，它们就会再度涌现，让我们成为更自信、更成功的人。

存在感危机

网络上形容一些网络红人有很出格的言论或行为，会说他们在"刷存在感"，意思就是他们希望通过这些言行得到更多关注，希望自己成为更多人讨论的话题。这种"得到更多关注"的感觉就是存在感，它的本质是在表达，"我很重要，我存在，我不应该被忽视"。

生活中，人们对存在感的追求无处不在。穿一件漂亮的衣服走在路上，去感受路人的眼光，就是满足存在感的过程；在朋友圈发自己的照片或者心情随笔，收到朋友的点赞和评论，也是一种"我存在，我很独特"的展示；很多人想做明星，即使要承担可能的舆论压力，失去部分隐私，也觉得会很快乐，因为成为明星就会有很多人认识自己，走到哪里都有人认出来；当然，也可以依靠自己的能力、才华和成就感受到他人的重视和来自世界的"你很重要"的反馈。

存在感和价值感、安全感一样，都是核心的需求。就像张国荣歌中所唱，"我就是我，是颜色不一样的烟火"。人们需要感受到自己的独特，也需要周围的人给自己反馈，来证明自己的存在性、重要性和独特性。

爱情也是满足存在感的最快方式。不管世界上其他人觉得我们怎么样，认不认识我们，只要有一个人觉得我们是世界上最特别、最好的人，就会让我们的存在感获得足够的满足。这种感觉好像盾牌一样，当我们在生活中感到渺小、无力、无意义的时候，就会出来支撑我们。

在恋爱关系中，"我"融入令人心醉的"我们"的关系中，我们都感受到自己的存在。为什么很多人会在感情中强调"在不在乎"，这个"在乎"的感觉就是对存在感的需要和确认。在乎就意味着，伴侣爱的是"我"，知道我的喜好，了解我，理解我，在乎我。比如，你以为所有人都忘了你的生日，但当你走进家门的时候，你发现伴侣准备了一场惊喜的生日派对；当伴侣选购礼物的时候，买的不是最贵的，也不是"一般人都会喜欢的"，而是你很喜欢、很在意的，你不经意间提到过的东西，你也会深深地感受到自己的存在。你会感到，自己的想法很重要，任何一个小念头都被听到、被记住了。这是一种很让人感动的感受，一种上升到永恒的感受。

从心理学的角度，人的存在感从何而来？感情的破裂对我们的存在感产生什么影响呢？

存在感和人们生活的意义感紧密连接，人们需要确认"我的存在是有意义的""我的生活是有意义的"。因为存在的意义意味着生命的延续、变化和源源不断的创造力，而无意义对应着渺小、死亡、无变化和停滞。人们从诞生起就需要意义和生命的延续，想逃避死亡和渺小感、恐惧感。意义感和存在感就是人们抵抗死亡和无意义的最佳武器，意义代表着希望，代表着更多的幸福和更好的自己。丧失意义感和存在感，就会陷入抑郁中。

在现代社会，基本解决温饱问题之后，人们会开始追求更高层面的满足，比如寻找人生的意义。我们的社会发展得很快，现在基本上都能满足人的温饱需求，但我们的心灵成长还停留在比较低的水平。很多人不知道怎样找到自我，怎样建立坚实的存在感，怎样拥有充实的心灵，所以将存在感依附在外在的追求上，如金钱、权力、他人的关注、名气等。

心理学理论表明，除了这些外在的途径，人们更基础的存在感来源于与他人建立意义深刻的关系以及一个人坚实的自我感受。

我们先来讨论第一个方面，与他人建立意义深刻的关系。

无论收获朋友圈的点赞，还是作为明星获得粉丝的喜爱，都是从关系中、从他人的反馈中确认自己的存在。他人就像一面镜子，我们从中看到属于自己的价值和意义，但这种关系常常是浅显而脆弱的。我们在朋友圈展示的自己，和真实的自己可能不同；明星和粉丝的关系亦如此，粉丝可能并不真正了解自己的偶像，这种单方面的喜爱也容易变化，今天喜欢这个明星，明天就可能喜欢另一个明星了。

真正的存在感来自与他人建立的意义深刻的关系，这意味着我们在关系中做真实的自己，向对方展示真实的喜怒哀乐，为对方奉献，也愿意接受真实的对方，容许对方做自己。这种关系是相互的，会随着时间的推移越来越深入，例如亲情、童年时期就认识的好朋友、深刻的爱情等。在这种意义深远的连接中，人们可以得到更多的存在感，也就是"我是一个重要的人，我的生活有意义，有人需要我"的感受。

在存在主义心理治疗小说《当尼采哭泣》中，弗洛伊德的老师布洛伊尔，在治疗自己的病人安娜的过程中，不可自拔地深深爱上了安娜。布洛伊尔有妻子，但他觉得日常生活只是例行公事，他在婚姻中并没有找到自我的影子。但对病人安娜来说，他是重要的，他是有能力的，安娜也认为只有他才能帮助自己走出心理疾病的阴影。这种感觉弥补了他心底长久以来深深的空虚感，所以他无法抑制地爱上了安娜，甚至想和自己的妻子离婚，和安娜一同生活。

虽然在这个故事中布洛伊尔和安娜之间的连接很难被社会接纳和理解，但在咨询室这个安全、私密的环境中，布洛伊尔和安娜的的确确都展示了真实的自己，他们因为共同的目标——帮助安娜走出心疾病的阴影，做一个更健康、更快乐的人——而建立真实关系，在这种关系中两人都感受到前所未有的存在感：安娜知道布洛伊尔在乎她的痛苦，想要帮助她；布洛伊尔知道安娜依赖他，欣赏他，需要依靠他走出痛苦。

爱情和婚姻，在很大程度上能满足我们的存在感。不管外界如何，不管其他人对我们如何，只要还有这么一个人认为我们是特别的、独一无二的，我们就会感到自己是特别的，是有存在的意义的。所以，在爱情破碎、亲密关系结束时，我们的存在感会被深深地伤害和打破。

一部美剧里有一个片段，有一对原本非常恩爱的夫妻，彼此都认为对方是自己的真爱。但一个机器人入侵，把自己变成妻子的样子，然后把妻子关了起来。妻子原本以为丈夫很快就会发现端倪并来救她。但过了好多天，丈夫还在原定的轨迹上生活，他像往常一样拥抱、亲吻机器人妻子，跟机器人妻子一起散步，一起生活。这让妻子很崩溃，原来深爱自己的人也可以爱上其他人，甚至爱上其他人之后他更开心了。这种感觉深深地触发了妻子的存在感危机，这种恐惧让她彻底否认了他们之间感情的价值。妻子后来被机器人放了出来，但是她并没有选择回到房子里，带着丈夫一起逃走，而是选择了独自逃走，放弃了丈夫和婚姻。

所以，当感情结束的时候，人们一方面承受着期望落空的挫败和失望，另一方面会感受到更深的来自失去存在感的抑郁。原来我并不是不可取代的，原来我的伴侣也可以随便爱上别人，那么我是谁？我存在的意义是什么？我的位置在哪里？我们会对自己的存在感产生很大的怀疑。

我们通过与人建立关系来稳固自己的存在感。寻找关系、建立关系、维护关系，是我们每个人一生都需要并且正在做的事情。尽管我们可以表达自我，可以分享共同的感受，我们也有亲子关系、情感关系、朋友关系、职场关系，但事实上，谁都无法摆脱人本质上是孤独的这一事实。人和人之间永远不可能达成彻底的相互理解，即使是两个最亲密、最契合的灵魂伴侣，彼此的人格里还是有他人触碰不到的阴影角落。人们也不可能拥有永不分离的亲密关系，关系的本质就像两条抛物线，有分离才有相聚，有相聚也一定会有分离。人的一生必然会有一些时刻，不可避免地要面对最彻底的孤独。可以说，生命的本质就是孤独。

在失去重要关系的时候，在我们孤独一人的时候，我们要怎样找到生命的意义，找到属于自己的稳定的存在感？此时要谈谈获得存在感的第二条途径——拥有坚实的自我感受。

什么叫坚实的自我感受？欧文·亚隆（Irvin Yalom）在《存在主义心理治疗》一书中举了一个例子来说明。有一次，他在一片热带珊瑚礁中潜水，湖水温暖、清澈，洒满阳光，他觉得心旷神怡、无比自在，他感到温暖的湖水、美丽的珊瑚礁、丰满的海葵等组成了一个水下的极乐世界。他在这一刻有了顿悟，他突然意识到，这一切美好的组成有一个不可或缺的部分，就是他自己。这一切美好是因他的来到而产生的，他拥有这整个体验，他既是这一体验的观众和接受者，又是其创造者。他可以在别处，而不是这里，但他带自己来到了这里，用自己的眼睛看到美好的事物，用自己的心感受到美好。是因为他自己，所以才美好，而不是因为湖水、珊瑚礁、海葵。

他开始意识到人作为一个主体的建构作用，个体建构了自己和自己的世界。人们常常在世界上寻找自己的位置，但从某个意义上，我们不需要寻找世界上我们的位置，世界即我们的投射，一切都是自我，只是需要我们的觉察，并从觉察的这一刻开始肩负起自我的力量，肩负起"我作为我世界的主人"的责任。

泰戈尔在《飞鸟集》中写道，"我存在，乃是所谓生命的一个永久的奇迹"。坚实的自我感受的意思就是，更多地觉察到我是一个有主观能动性的人，意识到我对环境、周围的人、地球和世界上其他的人都负有责任。当我们有了"我可以作出一些改变"的感受，我们就不会再疑惑，我的意义在哪里，我是否存在，而会选择向外，去带给更多人积极的感受，使环境因自己而改变。这是我们作为一个人的存在感的核心。在哲学家让-保罗·萨特（Jean-Paul Sartre）看来，个体本身就是创造者。与之相对，如果一个人逃避责任，把自己视为无端被卷入的、被动的受害者，就容易失去存在感，把自己的存在感建立在别人身上。

逃避责任的表现是什么？就是逃避做自己，拒绝做自己，拒绝发出自己真正的声音。比如，有的年轻人进入社会后，干着一份不喜欢的工作，觉得工作没意义，很抑郁。我问他们，为什么会干不喜欢的事？他们会说："因为我上大学选了不喜欢的专业，这个专业出来就是做这个工作。"再问，当时为什么选择不喜欢的专业呢？他们说："是我爸妈让我选的，我也没办法。"或者问，为什么没能选择自己喜欢的专业呢？他们又会说："分没有考够，没有办法。""都怪学校，当时没有调剂好。"的确，可能外界有很多消极的因素，但前提是他们听从了学校、父母、社会的安排，从头到尾都放弃了"做自己"的责任，没有表达自己的心声，放弃以自己的方式经营世界。这样子的人当然是迷茫、抑郁且没有存在感的，因为这是一直在逃避"做自己"的责任。

接下来我们来聊聊，怎样可以拥有更强烈的自我感受，从而拥有更稳固的存在感。

存在的根源在于自身，所以我们需要先找到自己，对自己的认知更清晰。我们可以做一个小练习。可以找一个我们感觉可以看到自己的特质的一个物品，比如一个玩偶，想象它是小时候的自己。

我们可以与这个玩偶对话，把这些对话写下来。想象这个玩偶是大概十岁的自己，可以问这个小时候的"我"：你的梦想是什么？你希望自己未来成为怎样的人？你希望未来的婚姻是什么样的？你希望在感情中可以得到什么？然后，想象这个小时候的自己和成年的自己对话，他会问现在的自己：十岁时的梦想完成了吗？十岁时渴望的婚姻实现了吗？有哪些梦想还没有实现？为什么没有实现？有其他方法可以帮助实现还没有实现的梦想吗？现在拥有了哪些小时候没有的能力？它们可以怎样帮助实现梦想？

一个人如果有童年的梦想或长大后想实现的愿望一直没有被看到和实现，就会将这些放在心里，成为一个结。就像电影《重返二十岁》中的主角，一位老年女性，年轻时丧夫，独自养育儿子，放弃了所有梦想，把存在感寄托在儿子和孙子身上。当她由于某种机缘重新回到自己的二十岁，有机会充分实现自己的梦想，去认真唱歌之后，她的心也宁静了，找到了自己的存在感。

重新找回自己，多久都不算迟。

脆弱的亲密感

亲密感是人们与自己喜欢、相爱的人融洽相处时产生的情感体验，包括与父母、兄弟姐妹等亲人之间的亲情，伴侣之间的爱情和朋友之间的友情等。有亲密感体验的人，感到自己能与他人进行有效的接触和交流，感到他人对自己是关注和爱护的，也感到自己是被人需要的、有价值的，生活是幸福的。

现实生活中，有的人可以建立与他人的亲密感，有的人却不能；有的人的情感关系比较稳定，有的人却不断地更换恋人和伴侣。

有一个经典的童话人物——小飞侠彼得潘，他是很多小男孩心中的偶像。彼得潘永远不会长大，他每夜拜访一个少女，他会带领少女飞翔在天地间，一次又一次地讲述与铁钩船长决斗的英勇战绩，他令女孩兴奋、陶醉。女孩会甘心随他奔走，希望他会为自己停留。可是，小飞侠只懂得飞翔，不懂得停留。他的天地永远在远方，爱上彼得潘的女孩最后都会心碎。彼得潘是个不会长大的孩子，他觉得很多女孩都很可爱，她们各有不同。如果要与其中一人安定下来，就意味着他要长大，要失去童年无忧无虑的快乐。

所以，亲密感看似一种轻松的体验，其实要求人们必须先达到自我的成熟，能够承担关系中的责任，为对方奉献和有所让步。

心理学家埃里克森认为，亲密感是个体心理社会性发展的第六个阶段，在成年早期，也就是 20—39 岁这个区间，人们会努力建立人与人之间的亲密感，对抗生活中的孤独感。和他人建立亲密关系是一种能力，这种能力能让一个人在社会里更和谐地扮演自己的角色，成为更有尊严和道德感的人，在关系中做一个懂得为他人让步、奉献、适当牺牲，即能够付出爱的人。

爱是一种能力。学会建立亲密感，就会得到来自朋友和恋人的爱；如果不会建立亲密感，就会生活在孤独中。

很多人成年后会开始恋爱，拥有恋人，以为自己懂得亲密感，其实，在亲密关系中还有一种情况叫作"假性亲密"。两个人看似亲密，其实关系里有很多禁区，有很多不可以触及或者一触即发的部分。两个人都小心地回避这些禁区，极力维持貌似和谐、美好的场面，但彼此都没有获得令自己满意的亲密情感。虽然两个人可能每天生活在一起，也讲很多话，但两个人的心没有真正接近。

真正的亲密感有两个关键点。其一，人们需要有各自独立的能力。

亲密关系中的两个人在需要分离的时候可以分离，在需要相聚的时候可以相聚，在需要互相支持的时候可以互相支持。如舒婷在《致橡树》中所说，"我必须是你近旁的一株木棉，作为树的形象和你站在一起"。上文中我们提到小飞侠彼得潘，彼得潘不懂得怎样真正找到伴侣，因为他还是个孩子，他依赖外界和女孩们带给他的无所不能的感受。我们首先要找到独立的自我，才能在关系里有我有你，有充满活力的互动和滋养。在亲密关系中，一个人如果没有成熟的自我分化，亲密感就变成共生。虽然共生也有很接近的感觉，却不是真正的亲密感。在共生状态中，两人倾向于满足自己的需求，却看不到对方的需求，感受不到真正的亲密。就像彼得潘和温妮，彼得潘依赖温妮来体现自己的自由和无所不能，温妮依赖彼得潘来逃离她无趣的日常，重新感受到童年无忧无虑的快乐。但他们双方并不真正了解对方，也不能在这段关系中共同成长。在故事的最后，温妮意识到自己需要回到现实世界，需要成长，这段关系并没有让她变成真正的大人，所以她告别了彼得潘给她的美妙世界。

亚隆在《当尼采哭泣》中提到，亲密感能让人们摆脱孤独的恐惧，但是"没有一种关系可以消除孤独感"，"要完全与另一个人发生关联，人必须先跟自己发生关联。如果我们不能拥抱我们自身的孤独，我们就只是利用他人作为对抗孤独的一面挡箭牌而已"。也就是说，如果一个人不能完全成为自己、接纳自己，就不可能和他人建立真正的亲密感。

其二，亲密感需要人们有勇气袒露自我，暴露脆弱。

人们在爱情中的亲密能力是从早年和家人的互动中学习的。如果家庭环境是比较民主的，父母能鼓励孩子表达自己的观点，展现情绪，展现奇思妙想，孩子就敢于在爱情中做自己；反过来，如果家里的气氛很阴沉，孩子压抑自己的表达，也因为父母经常批评或忽视产生"真正的我是很糟糕的"想法，就难以建立真正的亲密关系，因为他们不敢在感情中做自己，因为在他们小的时候，做自己就意味着惩罚和被抛弃。

亲密从真实的表达中产生。真实的两个人一定会产生冲突，但对自己有足够的接纳、对感情有足够的信任的人，不会回避感情中的冲突，因为人们是在冲突中更加走向对方的，在这样的良性循环中，感情也变得更坚韧。而我们前面讲的假性亲密关系的一个特质就是，两个人表面上看起来和和气气，从来不吵架，根本的原因是他们害怕冲突，牺牲了走向真实的对方，走向真爱的机会，换来虚假的、表面的和平。

爱是一场冒险，我们必须足够勇敢，才能得到真正的亲密感。

如果一个人缺乏建立亲密关系的能力，不敢在关系中袒露真正的自己，也不敢面对亲密关系中的冲突，就会逐渐感受到关系的疏远，会对关系的满意度更低，也更可能产生孤独和焦虑。

在亲密关系中，最理想的状态是我们之前提到的两个人对彼此感到安心、信任和安全，不会有焦虑或不信任的感觉。如果在早期经验中，我们体验过可能被主要养育者抛弃的危险，成年后在自己的亲密关系中就常常也会感到焦虑或者想回避，本质上体现了我们内心对被抛弃的恐惧和伤痛感。

亲密感的建立是循序渐进的过程，在两个人的交际过程中，通过沟通和互动，两个人增加了对彼此的熟悉感和良好的体验。这些提升了对彼此的信任感，双方更敢于在关系中做自己，展示更多的自己，和对方有更多的互动。在这种信任的基础上，两个人同意共同进入一段恋爱关系中，以及一同进入婚姻。

当感情因为某种意外破裂，在亲密感上对我们的伤害是非常大的。有一句话是：爱上一个人时，好像忽然有了软肋，又有了铠甲。原本应该成为我们铠甲的人，没有保护我们，反而变成刺伤我们的武器，这种感觉是令人痛苦的。爱是一场冒险，当我们把真实的自己袒露给对方时，我们可能获得真正的能够滋养生命的爱，但同时也变得脆弱，因为来自最亲密的人的伤害是致命的。

在童年和家人建立亲密关系的时候，我们可能已经承受过这样的创伤。当我们一次次在父母面前做自己，渴望被看到、被接受、被赞扬，却被泼了冷水、被责骂、被忽视，甚至遭遇更严重的家庭暴力，如被孤立、被暴打、被嘲讽等，我们对他人的信任就开始动摇，对亲密感的向往变成恐惧。在我们成人后，遇到心仪的伴侣，如果爱情顺利，就会有一种被治愈的感受；但如果成人后的亲密关系也让我们失望，伤害了我们，小时候的创伤就会被激活，让我们成为真的惧怕亲密关系的人。我们可能感到自己再也无法信任他人，再也不愿将自己的脆弱暴露给他人。

除了不敢进入新的感情，其他的亲密感创伤的表现有：战战兢兢，随时感觉可能失去伴侣，占有欲和嫉妒心过强，只想取悦伴侣却忽略了自我的感受，等等。当我们感到依恋关系让人不安，总感觉要失去对方，却没有相关的实质性事情，可能就是亲密感创伤在影响我们。有亲密感创伤的人，会感觉建立一段稳固的亲密关系很困难。他们很渴望亲密，但同时又想方设法地推开对方，去验证对方其实并不爱自己。

我们可以怎样修复亲密感创伤，获得更好的经营亲密关系的能力呢？

从认知层面来讲，既需要了解亲密关系的好处，也需要了解亲密关系的局限。也就是说，总有一些需要是无法从关系中获得，而需要我们独自面对的。无论我们与他人有多亲近，我们必须独自面对生命。打个比方，我们都是在黑暗的海洋上独自行驶的船只，我们可以看到其他船的灯光，却无法触碰这些船。虽然无法触碰，但其他船的存在以及处境的相似，可以给我们提供莫大的安慰。我们可能原来以为，只有自己遭遇了亲密感的创伤，如果看到其他人也有相似经历，我们对亲密感创伤的恐惧就会转化成对他人的同情，不再那么惊慌。

我们可以在专业人员的带领下，参加一些团体小组，比如由有相似婚姻经历的人组成的小组。在小组中，每个人可以谈论自己的经历，从其他人那里得到共鸣和类似分享。其他人可能从我们的分享中听到我们面对失败情感经历的勇气和力量，而这些是独自一人时没有想到的。这样的被看到、被支持的经历，会让人感受到自己的力量和生活的信心。

如果我们现在正处在一段亲密关系中，也可以尽可能地将真实想法告诉自己的伴侣，包括心中的不安、恐惧、紧张等。一方面，对方可以直接给出确定的感受，告诉我们，"不，我并不打算离开你""是的，我依然珍惜我们的婚姻"；另一方面，袒露会带来积极的循环，让我们意识到对方其实可以接受真正的我们。这种沟通的基础是出于爱，是为了获得更好的感情，所以能够获得伴侣的包容。

另外，如果此时能够找到咨询师，是可以帮助我们面对不安、焦虑的情绪的。他们能给出第三方的客观视角，让我们分辨出哪些是自己的情绪，哪些是关系里真正出现的需要警觉的信号。

"要完全与另一个人发生关联，人必须先跟自己发生关联。"所以，我们要先成为自己，才能够爱他人。我们要达到自我的成熟，知道"我是谁，我的价值在哪里，我的目标是什么"。这种自我的形成，在心理学中称为"自我同一性"，指人们尝试着把与自己有关的各方面结合起来，形成一个协调一致且不同于他人的独具统一风格的自我。也就是把自己"众多的人格"统一起来，形成一个比较稳定的人格。我们应该非常明确地知道自己的需要、情感、能力、目标和价值观是什么。

我们既需要和亲密他人、家人有关联，体会到彼此之间的亲密，感受到彼此的支持，同时也需要成为一个独立个体，成为一个心灵成熟的人。

一个人必须为自己的生命负责，做自己生命的主人。心理学家弗洛姆（Erich Fromm）认为，自我意识带来的孤独感是焦虑的主要来源。自我意识弱的人，对两个人的分离会有更强烈的焦虑，因为分离意味着被孤立，而且无法用自己的力量改变这种状态。分离意味着无助，无法主动掌控外部，不管是人还是事。分离意味着世界可以侵犯我，而我毫无反抗的能力。亲密和分离就像硬币的两面，即使感情再好的两个人，也不是时时刻刻都黏在一起，一成不变。人们要学会建立更稳定的自我和自我意识，才能降低对分离的恐惧，才能让亲密关系更坚韧。

坚实的自我同一性的建立，来自一个人内心深处对自己的接纳和认同。人无完人，世上没有完美。有时候，人会不可避免地对自己有很高的要求和期待，特别是在早期亲密关系中没有得到足够多的接纳和亲密感的话。我们需要回到自己的内心深处，去看一看，我们是否可以做到真正接纳自己。

拿出一个本子，写下十岁的我们对自己的所有感受：有什么积极的感受？有什么消极的感受？再写下现在对自己的感受：有什么积极的感受？有什么消极的感受？对于每一个积极的感受，写下经历过的与之关联的美好故事，以及对自己的欣赏；对于每一个消极的感受，也写下经历过的与之关联的难过的故事。想一想：在经历这些事情的时候，有什么难得的部分？什么不容易的部分？

把这些难得和不容易的部分写下来。

有一句话可以很好地描述一个人自我同一性的整合："每一个我，都是我。"当我们将好的体验和不好的体验都看成一种体验，不刻意回避消极的体验，不沉溺于过往的良好感觉中，就离完整的自己更近了一步；当我们将喜欢的自己和不喜欢的自己都看成是自己的一部分，努力接纳不喜欢的自己的时候，就会逐步拥有经营更好的亲密关系的能力，也会得到更高质量的爱。

重塑人生：在创伤中开出玫瑰

最后一部分，我们将人的生命看作一个整体，用叙事疗法中改写人生故事的方法梳理自己的生命故事，去看到创伤背后的力量，从小小的美好事物中发现自己的生命力。

危机由两个字组成，"危"代表危险，而"机"代表机会。当遭遇情感危机时，我们看到的是危险还是机会呢？我想从个人成长的视角谈一谈如何通过写作故事，回顾、整理和展望自己的整个生命历程。

首先我们来谈一谈，写自己的故事为什么可以帮助我们，也就是故事为什么可以疗愈生命。

叙事治疗是以改写生命故事的方式，让一个人能够更多地看到自己生命中的力量，治疗遭受的创伤，接纳不完美，从而让生命变得完整，找到新的自我身份认同和人生的意义。

我们每个人都会从自己的视角讲述人生故事。当我们遭遇危机时，可能会讲述不如意的版本，但生命中既有欢笑也有悲伤。在悲伤时，我们也许会忘了欢笑的时刻和自己的力量。如果我们透过黑暗看到阳光，就能重新发掘生命的意义，改写人生故事。我们也可以通过写作故事，回顾亲密关系历程，看到自己的亲密关系模式，以及有哪些未被满足的期待，思考可以通过怎样的方式获得满足。

写作是一种很好的疗愈心灵的方法。每个人的自我身份认同，也就是我们认为自己是谁，我们是一个怎样的人，我们怎么样看待自己和自己的生活，怎样看待别人，怎样看待亲密关系，怎样描述我们的人生，都是用自己讲述的故事构建出来的。

美籍华裔女作家谭恩美早年接受过心理治疗，但在两次心理治疗的过程中，治疗师竟睡着了，因此，后来她将写作视为自我疗愈的道路。她擅长描写既亲密又纠结的复杂母女关系，其中一本小说叫《接骨师之女》。这本小说的女主人公是一位作家，她每年总有一段时间会发不出声，时长大概一个月。她的母亲患有老年性痴呆，她和母亲有着既矛盾、冲突又纠结的复杂关系。

这本小说是以倒叙的方式撰写的。开头先讲主人公是一个以写作为生的作家，一直在为别人写东西和整理东西。她的母女关系不佳，与母亲有很大的冲突，与同居男友的关系也出现危机。她总是用讨好的方式对待同居男友，看不到自己的价值。她讨好别人，过得很辛苦，却没有办法创造真正深入的亲密关系。她的母亲也有曲折的经历，内在有很多创伤。她对已经自杀的母亲心存愧疚，有很多复杂的情绪，但她一直没有把自己和母亲的矛盾关系告诉女儿。

她从一个只是为别人写作的写手变成为自己写作，事业上有了新进展。在情感关系上，她也学会了为自己发声，慢慢看到自己是有价值的，开始向同居男友提出一些要求，让他能有所付出。她还接受了同居男友的帮助，男友把她患老年性痴呆的母亲送到一个环境比较好的老年公寓，且定期去看望。

在整个过程中，通过写作，通过母亲向女儿的道歉等方式，女主人公完成了家族故事的梳理，最后逐渐找到自己的生活之路。在谭恩美的小说中，有一些素材是取材于她自己的母亲和外婆的经历。她写小说的过程，也是深层疗愈自己的心灵的过程。

每个人都是自己生命的专家和主人，我们就是自己手中的笔，可以重新书写想要的生命故事。当我们创作自己的生命故事时，会走向一种自我实现的预言，成为想要成为的那个人，过上想要过的生活。这时一个人的主动性和生命中的资源，都会被调动和挖掘出来。

我们的人生如果像一出戏，我们自己就是这出戏的主角和总导演。人生这出戏有脚本，有关键词，我们可能一直在重复自己生命的脚本以及这些关键词。在修复创伤的第一个阶段，我们需要从自己的视角讲述故事，从中看到生命的脚本是怎样的，有哪些重要的关键词，有哪些重复的模式。到第二个阶段，我们需要看到生命中那些小小的闪光点，继而点亮越来越多的地方，把它们像珍珠一样串起来，使人生故事不断丰厚，改写人生脚本。最终走向第三个阶段，找到人生的意义，开启生命的整合与新生之旅。

其次，我们来谈谈生命中的重复模式和如何发现小小的美好，哀悼和接纳人生的不如意。许多人谈恋爱、结婚的对象，都具有相似的特点，感情模式也类似。比如有的女孩童年时与父亲关系很差，恋爱时会不由自主地爱上比自己大好多岁的男性。这样的男性成熟，懂得女孩的心理需求，女孩仿佛找到了完美父亲对自己的爱。如果觉察不到这些模式，就可能身不由己地一遍遍重演。

如果我们可以看到重复的模式，就可以走向下一步，去发现生活中的美好之事，改写和丰富自己想要的人生故事。

其一，发现小小的美好。在一个人的生命中，如果曾经有过美好的事件，我们充分发现它并使其丰厚，就可以增强内在价值感，挖掘内在的生命力。如果有被重要他人接纳、包容、温暖相待的经历，也会感到自己是有价值的，生命是有意义的。当我们重新建立对自己身份的认同感，肯定自己的价值和意义时，内心就会充满力量。

我们也可以通过别人的故事看到不一样的生活，开启看待世界和生活的多元视角，增加自己人生故事的多种选择和可能性。

其二，哀悼并接纳人生的不如意。如果在第一个阶段，我们发现自己有对父母的未实现的期待和需求，就需要认识到，世界上没有完美的父母，我们要接受父母原本的样子，放弃对完美父母的期待。既要接纳自己每个阶段的状态，也要接纳自己可能暂时接受不了。同样，世界上没有完美的亲密关系，我们需要接受伴侣原本的样子，放弃对完美伴侣的期待。这个过程会很痛苦，需要反复书写。每当有情绪和想法涌现，都可以写下来，不必担忧字迹优不优美，文字通不通顺，只需要写下来，这是一个自由书写的过程。也可以在没有人的时候，大声读出来，然后把写下的文字烧掉。在一次次重复这个过程后，我们会发现，痛苦和期待会越来越少。

其三，找到人生的意义，开启生命的整合与新生之旅。

很多时候我们面临的困难和问题，也许和其他人没有太大关系，而主要源于我们自己的内在恐惧。如果我们能够通过某种方式去整合和面对内在恐惧，我们的生命会因此而完整。

可以先写一个关于自己的小小自传。既可以按照时间段来写，比如每个十年中发生的对自己有重大影响的事件；也可以按照关键词来写，比如围绕父母、婚姻去写。接着，可以看一看，在自传故事中有哪些重复的部分或者模式。比如，恋爱对象或伴侣有怎样相似的特点？对他们有怎样的期待？

然后写一写，当遭遇生命中的危机时，我们有哪些难得和不容易的部分？生命中有哪些人是支持我们的？他们认为我们是一个怎样的人？把自己的优点和缺点都写下来，看看能否完完全全地接纳自己。

最后，可以写下三件未来一年内真心想做的事情，能够激发生命热情的事情，并且去实践。

我们每个人都可以通过书写，完成成长的三阶段。

让我们把悲伤的故事变成美丽的故事，在创伤中开出玫瑰。

图书在版编目（CIP）数据

亲密关系中的心理课：三步骤修复情感创伤/王继
堃著.—上海：上海教育出版社，2024.10.—（俊秀青
年书系）.—ISBN 978-7-5720-3122-9

Ⅰ.B842.6-49

中国国家版本馆CIP数据核字第2024W1Z820号

责任编辑　金亚静　林　婷
封面设计　闻人印画

俊秀青年书系

亲密关系中的心理课：三步骤修复情感创伤

王继堃　著

出版发行　上海教育出版社有限公司
官　　网　www.seph.com.cn
地　　址　上海市闵行区号景路159弄C座
邮　　编　201101
印　　刷　上海叶大印务发展有限公司
开　　本　890×1240　1/32　印张5.125
字　　数　106千字
版　　次　2025年1月第1版
印　　次　2025年1月第1次印刷
书　　号　ISBN 978-7-5720-3122-9/B·0077
定　　价　49.00元

如发现质量问题，读者可向本社调换　电话：021-64373213